미적분학 기초
Elementary Calculus

수학교재편찬위원회

 북스힐

이 책은 고등학교 교육과정을 마친 학생들을 대상으로 한 이공계열의 대학교육에서 필요한 미적분학을 쉽게 설명한 책이다. 또한 수학에 관심이 있는 누구에게나 어려움 없이 접근할 수 있도록 구성하였다. 유리수의 조밀성, 실수의 완비성, 라디안을 사용하는 이유, 지수함수에서 밑과 지수의 조건 등 다소 생소하거나 어렵게 느껴질 수 있는 개념들을 이야기 형식으로 서술하여 일반교양을 위한 교재로도 쓰임새가 있다.

이 책은 모두 다섯 개의 장으로 구성되어 있다.

1장에서는 미적분학의 기본 개념인 실수의 성질과 방정식, 부등식에 관하여 설명하였다. 실수의 성질은 자연수에서 출발하여 정수, 유리수, 실수까지 구조의 확장의 관점에서 설명하였다.

2장에서는 함수의 정의, 역함수, 삼각함수, 역삼각함수, 지수, 로그함수를 기초부터 자세하게 설명하였다.

3장에서는 수열과 함께 미적분학에서 사용되는 대부분의 수학적 개념의 기초가 되는 함수 극한의 직관적 정의와 극한의 엄밀한 수학적 정의 및 계산방법 등으로 나누어 소개하고 실제 계산에 필요한 문제들로 구성하였다.

4장에서는 미적분학이라는 건물을 이루고 있는 두 개의 기둥 중의 하나인 미분을 순간변화율로부터 도함수까지 정의하고 미분의 성질 및 극값을 구하는 방법, 최적화 등 미분의 응용에 관하여 다루었다.

마지막 5장에서는 미분의 역연산으로서 적분을 정의하고 부정적분, 정적분의 개념을 소개하였다. 미적분학의 기본정리 및 영역의 넓이, 회전체의 부피, 곡선의 길이를 구하는 적분의 응용과정을 소개하였다.

이 책은 미적분학의 기초를 설명함에 있어 개념의 이해를 돕고 응용방법을 설명하기 위하여 일반 미적분학에서 다루는 내용들도 일부 추가하였으나 연습문제에서는 다루지 않았다.

모든 연습문제와 종합문제의 해답을 부록에 수록하였으며 고등교육 교수학습자료 공동활용 체제인 KOCW(Korea Open Course Ware)에 내용 설명과 문제 풀이 동영상 강의를 공개하였으므로 컴퓨터 및 모바일 앱을 활용하여 언제 어디서나 이용이 가능하다. 이 책으로 미적분학을 공부하는 학생들이 교양으로서의 수학의 가치를 느끼고 수학에 대한 흥미를 가지기를 바란다.

그리고 책이 나오기까지 도움을 주신 교수님들과 교정 작업에 수고해 준 대학원생들 및 출판에 협조해 주신 도서출판 북스힐 직원 여러분께 감사를 드린다.

2018년 2월, 저자 대표 씀

차 례 ○

Chapter 1 기본개념   1

Chapter 2 함수   17

Chapter 3   극한   59

Chapter 4   미분   101

부록

기본개념

● 1.1 실수의 성질

이 책에서 배우게 될 기초미적분학의 내용은 크게 함수의 극한과 연속, 미분과 적분으로 나눌 수 있으며 모두 실수의 성질로부터 나온 수학적 개념이다. 이 절에서는 고등학교 교육과정에서 이미 학습한 내용을 기반으로 대학에서 수학과목을 배우기 위하여 필요한 실수에 대한 최소의 개념을 이야기하고자 한다.

흔히 수의 발전을 보면 수학의 역사가 보인다고 한다. 원시시대부터 이미 알고 있었던 것으로 여겨지는 자연수는 수를 세거나(counting) 순서를 정할 때(ordering) 사용된다. 자연수에 숫자 0과 음수를 포함한 정수, 비(ratio)를 나타내는 수인 유리수, 한 변의 길이가 1인 정사각형의 대각선의 길이나 원주율 등을 표현할 수 있는 무리수를 포함하는 실수의 구조는 다음과 같다.

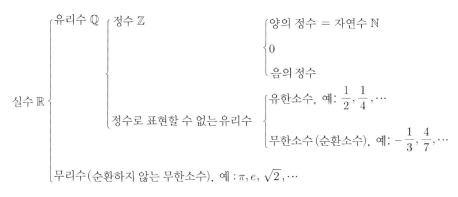

그림 1.1.1 실수의 구조

자연수	Natural number	$\mathbb{N}$	$\{1, 2, 3, \cdots\}$
정수	Integers	$\mathbb{Z}$	$\{\cdots, -2, -1, 0, 1, 2, \cdots\}$
유리수	Rational number	$\mathbb{Q}$	$\left\{ \dfrac{b}{a} \mid a, b \in \mathbb{Z},\ a \neq 0 \right\}$
무리수	Irrational number	$\mathbb{I}$	
실수	Real number	$\mathbb{R}$	
복소수	Complex number	$\mathbb{C}$	$\{ a + bi \mid a, b \in \mathbb{R},\ i = \sqrt{-1} \}$

ⓒ 정수를 나타내는 integers는 whole를 뜻하는 라틴어이다. 독일어의 수 또는 수를 세는 것을 나타내는 단어인 zahlen으로부터 정수 전체의 집합을 $\mathbb{Z}$로 나타낸다. 유리수 집합을 나타내는 $\mathbb{Q}$는 몫을 나타내는 단어 quotient로부터 유래되었다.

이제 실수의 존재성과 유리수와의 차이점을 간략하게 설명하기 위하여 기본적인 수학적 개념에 대하여 정리한다. 먼저 자연수, 정수, 유리수, 실수의 집합에서 성립하는 연산과 성질이 어떻게 확장되는지 알아보자.

집합 A, B에 대하여 $A \times B = \{(a,b) | a \in A, b \in B\}$를 A와 B의 **곱**(product)이라 하고 (a,b)를 **순서쌍**(ordered pair)이라 한다. 예를 들어 평면상의 점들의 집합을

$$\mathbb{R} \times \mathbb{R} = \{(x,y) | x \in \mathbb{R}, y \in \mathbb{R}\}$$

으로 나타낸다. 순서가 있는 쌍이므로 x와 y의 순서를 바꾼 (y,x)와 (x,y)는 서로 다르다.

정의 1.1.1 이항연산

공집합이 아닌 집합 S에 대하여

$$* : S \times S \to S$$

이면 $*$를 집합 S 위에 정의된 **이항연산**(binary operation)이라고 한다.

주 $* : S \times S \to S$는 $S \times S = \{(a,b) | a \in S, b \in S\}$의 원소를 S의 원소에 대응시키는 함수이다. 함수에 대한 정의는 2장을 참고한다.

정리 1.1.2 닫혀있다

집합 S에서 정의되어 있는 연산 $*$에 대하여

$$\text{모든 } a, b \in S \text{일 때 } a * b \in S$$

를 만족하면 집합 S는 연산 $*$에 대하여 **닫혀있다**(closed)라고 한다.

예제 1.1.1

다음 집합이 덧셈 연산에 대하여 닫혀있는지 확인하여라.

(a) $\mathbb{N}$ (b) 집합 $\{-1, 0, 1\}$

풀이

(a) 임의의 두 자연수의 합은 자연수이므로 $\mathbb{N}$은 덧셈에 관하여 닫혀있다.

(b) $-1 + (-1) = -2 \notin \{-1, 0, 1\}$이므로 $\{-1, 0, 1\}$은 덧셈에 대하여 닫혀있지 않다.

정의 1.1.3 결합법칙, 항등원, 역원

연산 $*$를 갖는 집합 S의 임의의 원소 a, b, c에 대하여

(1) $a * (b * c) = (a * b) * c$

를 만족하면 연산 $*$는 **결합법칙**(associative law)이 성립한다고 한다.

(2) $a * e = e * a = a$

를 만족하면 원소 $e \in S$를 S의 연산 $*$에 관한 **항등원**(identity)이라고 한다.

(3) $a * a' = a' * a = e$

를 만족하는 $a' \in S$를 원소 a의 연산 $*$에 관한 **역원**(inverse)이라고 한다.

결합법칙이 성립한다는 것은 연산의 순서에 관계없이 결과가 같다는 의미이다. 예를 들어

$$(2+3)+5 = 2+(3+5)$$

는 $2+3$에 5를 더하는 것과 2에 $3+5$를 더해도 결과는 항상 같다는 의미이다.

예제 1.1.2

$\mathbb{Z}$에서 뺄셈 연산에 대하여 결합법칙이 성립하는지 확인하여라.

풀이

임의의 자연수 a, b, c에 대하여 $(a-b)-c$와 $a-(b-c)$의 값이 같은지 확인해보자. 예를 들어 $a=2, b=3, c=5$라고 하자. $(2-3)-5=-1-5=-6$이고 $2-(3-5)=2-(-2)=4$이다. 즉,

$$(a-b)-c \neq a-(b-c)$$

이다. 그러므로 $\mathbb{Z}$는 뺄셈 연산에 대하여 결합법칙이 성립하지 않는다.

예제 1.1.3

$\mathbb{Q}$에서 연산 $*$을 다음과 같이 정의할 때 항등원과 역원을 구하여라.

$$a * b = a+b-2$$

풀이

(1) $a * e = e * a = a$인 항등원 e를 구해보자.

$$a * e = a+e-2 = e+a-2 = e * a$$

이므로 $a+e-2=a$인 $e=2$이다.

(2) $a*a'=a'*a=e$인 a의 역원 a'를 구해보자. $e=2$이고

$$a*a'=a+a'-2=a'+a-2=a'*a$$

이므로 $a+a'-2=2$, 즉 $a'=-a+4$이다.

$\mathbb{N}$은 덧셈 연산에 대하여 닫혀있고 결합법칙은 만족하지만 덧셈에 대한 항등원이나 역원이 없는 구조이다.

숫자 0과 음수를 포함한 $\mathbb{Z}$는 덧셈 연산에 대하여 닫혀있고 결합법칙을 만족하며 덧셈에 대한 항등원과 역원을 갖는 구조를 이룬다.

$\mathbb{Q}$와 $\mathbb{R}$는 덧셈 연산뿐 아니라 0이 아닌 임의의 원소 a의 곱셈에 대한 역원 $\dfrac{1}{a}$이 존재하므로 0을 제외하면 유리수와 실수는 곱셈 연산에 대하여 닫혀있고 정의 1.1.3의 (1)~(3)을 만족하는 구조이다.

이제 자연수, 정수와 다른 유리수의 성질을 알아보자.

정리 1.1.4   아르키메데스의 성질

임의의 양수 a,b에 대하여 $na>b$인 자연수 n이 존재한다.

양수 a가 아무리 작은 수라 하더라도 a를 유한번 더하다 보면 언젠가는 b보다 커진다는 의미이다. 정리 1.1.4는

티끌 모아 태산

이라는 속담을 수학적으로 표현한 것이다. 아르키메데스의 성질을 이용하면 다음을 증명할 수 있다.

정리 1.1.5   유리수의 조밀성

임의의 두 실수 $r,s\in\mathbb{R}$에 대하여 $r<p<s$인 유리수 p가 반드시 존재한다.

이 성질은 실수에서 유리수의 조밀성이라고 한다.

모든 무리수에는 수렴하는 유리수 수열이 존재한다.

증명

실수 r과 모든 자연수 n에 대하여 $r < p_n < r + \dfrac{1}{n}$인 유리수 p_n이 각 자연수 n마다 존재한다. 이때 유리수 수열 $\{p_n\}$이 r에 수렴함은 분명하다. ◻

주▶ 3.1절 수열의 극한 참조

유리수의 집합에서 실수로의 확장을 살펴보자. 아래의 성질은 증명 없이 사용되는 공리로 불리는 실수의 세 가지 기본성질이다.

> 1) 사칙연산에 관한 **체**(대수적 구조 중의 하나)의 성질
> 2) 대소비교가 가능한 **순서**의 성질
> 3) **완비**의 성질

1), 2)는 유리수도 만족하지만 3)은 유리수와 구분 지을 수 있는 실수의 성질이다.

실수의 완비성 공리

위로 유계인 공집합이 아닌 실수의 모든 부분집합은 최소상계를 가진다.

실수의 완비성은 직교좌표계를 나타낼 때 사용하는 수직선(x축 또는 y축)에 모든 실수를 일대일로 대응시켜 수직선을 빈틈없이 채울 수 있다는 것이다.

이는 미분과 정적분 등을 정의할 때 사용하는 도구라 할 수 있는 극한과 관련한 성질이며

수렴하는 실수 수열의 극한은 실수이다

라는 것과 동치이다.

주▶ 실수의 존재성이나 유리수와의 차이점을 자세하게 설명하는 것은 이 책의 범위를 벗어나므로 고등 미분적분학 교재를 참고하여 더 깊이 있는 내용을 알아보도록 한다.

☛ 1.2 방정식과 부등식

◯ 방정식

등호를 사용하여 수 또는 식이 같음을 표현한 식을 **등식**이라고 한다. 미지수 x를 포함한 등식이 등호를 기준으로 좌변과 우변이 미지수 x에 상관없이 항상 같으면 **항등식**이라고 한다. 예를 들어

$$3x + 6 - 3(x + 2) = 0$$

은 항등식이다. 한편

$$x^2 - 4 = 0$$

과 같이 특정한 x에 대해서만 등호가 성립하는 등식을 **방정식**이라고 한다. 주어진 방정식이 참이 되게 하는 미지수 x의 값을 방정식의 **근** 또는 **해**라고 하며 이 과정을 "방정식을 푼다" 라고 한다. 위 등식에서 해는 $x = \pm 2$이다.

예제 1.2.1 이차방정식 풀기 ——————————————————

$x^2 - 5x + 4 = 0$를 풀어라.

풀이

(1) 인수분해

$x^2 - 5x + 4 = (x - 1)(x - 4) = 0$이다. 그러므로 $x = 1$ 또는 $x = 4$이다.

(2) 근의 공식

이차방정식 $ax^2 + bx + c = 0 \, (a \neq 0)$에 대한 근의 공식은
$x = \dfrac{-b \pm \sqrt{b^2 - 4ac}}{2a}$이다.
$a = 1, b = -5, c = 4$이므로 $x = \dfrac{5 + \sqrt{25 - 16}}{2}$ 또는
$x = \dfrac{5 - \sqrt{25 - 16}}{2}$이고 간단히 하면 $x = 4$ 또는
$x = 1$이다.

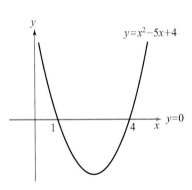

(3) 그래프

$x^2 - 5x + 4 = 0$를 만족하는 x의 값은 $y = x^2 - 5x + 4$과 $y = 0 \, (x$축)과의 교점의 x좌표로 해석할 수 있다.

교점의 좌표가 $(1,0), (4,0)$이므로 $x = 1$ 또는 $x = 4$이다.

예제 1.2.2 삼차방정식 풀기

$x^3 = 1$을 풀어라.

풀이

(1) 인수분해

$x^3 - 1 = (x - 1)(x^2 + x + 1) = 0$이다. 그러므로 $x = 1$ 또는 $x = \dfrac{-1 \pm \sqrt{-3}}{2}$ 이다. 즉, $x = 1$, $x = \dfrac{-1 + \sqrt{3}\,i}{2}$ 또는 $x = \dfrac{-1 - \sqrt{3}\,i}{2}$ 이다. 여기서 $\sqrt{-1} = i$ 이다. (5.4절 대수학의 기본정리 참고)

(2) 그래프

예제 1.2.1에서와 같이 $x^3 = 1$를 만족하는 x의 값은 $y = x^3$과 $y = 1$의 교점의 x좌표로 해석할 수 있다. 아래 그림에서와 같이 교점은 단 하나 존재한다. 교점의 개수가 근의 수를 나타내는 것은 아님을 알 수 있다.

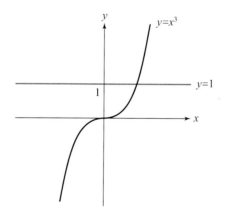

근의 공식

삼차, 사차방정식의 근의 공식은 존재하지만 공식이 복잡하여 공식을 사용하여 근을 구하는 것은 효율적이지 않다. 오차방정식은 계수를 이용한 사칙연산과 근호를 사용하여 나타내는 근의 공식이 존재할 수 없다는 것이 19세기 초 아벨(Abel)과 갈로아(Galois)에 의하여 증명되었다. 이후 확장된 뉴턴의 방법 등 임의의 n차 방정식에 대하여 수치적인 해는 복소수 안에서 중복을 허락하면 방정식의 차수만큼 항상 구할 수 있는 방법이 소개되었다.

○ 부등식

부등식은 두 수 또는 두 식의 관계를 부등호를 사용하여 표현한 식이다. 부등식을 만족하는 변수의 범위를 구하는 과정을 "부등식을 푼다"라고 한다.

○ 부등식 구간

$a < x < b$는 a와 b를 포함하지 않는 a와 b 사이의 모든 수의 집합으로 이루어진 **열린구간**(open interval, **개구간**)을 나타내고 (a, b)로 나타낸다.

$a \leq x \leq b$는 a와 b를 포함하는 a와 b 사이의 모든 수의 집합으로 이루어진 **닫힌구간**(closed interval, **폐구간**)을 나타내고 $[a, b]$로 나타낸다.

다음 표는 여러 가지 구간을 나타낸다.

집합	구간	수직선상 표시
$\{ x \mid a < x < b \}$	(a, b)	
$\{ x \mid a \leq x \leq b \}$	$[a, b]$	
$\{ x \mid a \leq x < b \}$	$[a, b)$	
$\{ x \mid a < x \leq b \}$	$(a, b]$	
$\{ x \mid x \leq b \}$	$(-\infty, b]$	
$\{ x \mid x < b \}$	$(-\infty, b)$	
$\{ x \mid x \geq a \}$	$[a, \infty)$	
$\{ x \mid x > a \}$	(a, ∞)	
$\mathbb{R}$	$(-\infty, \infty)$	

㉣ 기호 ∞(무한대, infinity)는 어떤 실수보다 큰 상태를 나타낸다.

$-3 \leq -\dfrac{1}{2}x + 1 < 4$를 풀어라.

풀이

$$-3 \leq -\dfrac{1}{2}x + 1 < 4$$

$$-4 \leq -\dfrac{1}{2}x < 3 \qquad\text{양변에 } -1 \text{ 더하기}$$

$$-6 < x \leq 8 \qquad\text{양변에 } -2 \text{ 곱하기}$$

그러므로 해집합은 $\{x \mid -6 < x \leq 8\}$이고 그림 1.2.1은 해집합을 수직선 상에 나타낸 것이다.

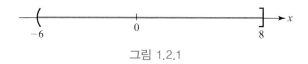

그림 1.2.1

$\dfrac{2x-5}{x+1} \leq 3$을 풀어라.

풀이

$$\dfrac{2x-5}{x+1} - 3 \leq 0$$

$$\dfrac{2x-5-3(x+1)}{x+1} \leq 0 \qquad\text{양변에 } -3 \text{ 더하기}$$

$$\dfrac{-x-8}{x+1} \leq 0$$

$$(x+1)(-x-8) \leq 0 \qquad\text{양변에 } (x+1)^2 \text{ 곱하기}$$

$$(x+1)(x+8) \geq 0 \qquad\text{양변에 } -1 \text{ 곱하기}$$

$$x \leq -8,\ x \geq -1 \qquad\text{분모를 } 0\text{이 되게 하는 점 } x = -1 \text{ 제외}$$

그러므로 $x \leq -8$ 또는 $x > -1$이다.

○ 절댓값, 제곱근, 제곱

절댓값이란 실수 a를 수직선에 대응시켰을 때 원점과 a 사이의 거리를 나타낸다. 거리는 0 또는 양수로 표현되므로 a가 음수일 때는 $-a$가 원점과 a 사이의 거리이다. 예를 들어 $a = -2$일 때

$$|a| = |-2| = -(-2) = 2 = -a$$

이다.

정의 1.2.1 ◀ 절댓값

실수 a의 **절댓값**은 다음과 같이 정의하고 기호로 $|a|$로 표시한다.

$$|a| = \begin{cases} a, & a \geq 0 \\ -a, & a < 0 \end{cases}$$

절댓값은 다음의 성질을 갖는다.

정리 1.2.2 ◀ 절댓값의 성질

a, b가 실수일 때
  (1) $|-a| = |a|$
  (2) $|ab| = |a||b|$
  (3) $\left|\dfrac{a}{b}\right| = \dfrac{|a|}{|b|}$ (단, $b \neq 0$)
이다.

정리 1.2.2의 (2)로부터 $|a^2| = |a||a| = |a|^2$임을 알 수 있다. 수학적 귀납법을 이용하면 자연수 n에 대하여 $|a^n| = |a|^n$이다.

정리 1.2.3 ◀ 제곱근과 절댓값의 관계

a가 실수일 때

$$\sqrt{a^2} = |a|$$

이다.

○ 절댓값을 포함하는 부등식

절댓값의 정의에 의하여 $|x| \leq 1$은 원점에서의 거리가 1 이하인 수직선상의 점들을 나타낸다. 즉,

$$|x| \leq 1 \Leftrightarrow -1 \leq x \leq 1$$

이다. $|x| \geq 1$은 거리가 원점과의 거리가 1 이상을 의미하므로

$$|x| \geq 1 \Leftrightarrow x \leq -1, \ x \geq 1$$

이다.

임의의 양의 실수 k에 대하여 $|x-a| < k$와 $|x-a| > k$는 다음과 같이 변형할 수 있다.

$$
\begin{array}{llll}
|x-a| < k & \Leftrightarrow & -k < x-a < k & \Leftrightarrow & a-k < x < a+k \\
|x-a| > k & \Leftrightarrow & x-a < -k, \ x-a > k & \Leftrightarrow & x < a-k, \ x > a+k
\end{array}
$$

예제 1.2.5

$|x-4| \leq 3$을 풀어라.

풀이

$|x-4| \leq 3 \Leftrightarrow -3 \leq x-4 \leq 3 \Leftrightarrow 4-3 \leq x \leq 4+3$이다. 즉,

$$1 \leq x \leq 7$$

이다.

예제 1.2.6

$\dfrac{1}{|2x-5|} > 3$을 풀어라.

풀이

$$\frac{1}{|2x-5|} > 3 \Leftrightarrow |2x-5| < \frac{1}{3} \Leftrightarrow 2\left|x-\frac{5}{2}\right| < \frac{1}{3} \Leftrightarrow \left|x-\frac{5}{2}\right| < \frac{1}{6}$$

이므로 $-\dfrac{1}{6} < x - \dfrac{5}{2} < \dfrac{1}{6}$이다. 정리하면 $\dfrac{7}{3} < x < \dfrac{8}{3}$이다.

분모가 0이 되는 $x = \dfrac{5}{2}$ 는 제외하여야 하므로 주어진 부등식을 만족하는 해는

$$\frac{7}{3} < x < \frac{5}{2} \ \text{ 또는 } \ \frac{5}{2} < x < \frac{8}{3}$$

이다.

예제 1.2.7

$|x-1| \le \dfrac{1}{2}$ 에 대하여 $|x+1| \le m$을 만족하는 가장 작은 값 m을 구하여라.

풀이

$$|x-1| \le \frac{1}{2} \Leftrightarrow -\frac{1}{2} \le x-1 \le \frac{1}{2} \Leftrightarrow \frac{1}{2} \le x \le \frac{3}{2} \Leftrightarrow \frac{3}{2} \le x+1 \le \frac{5}{2}$$

이므로 $|x+1| \le \dfrac{5}{2}$ 이다. 그러므로 가장 작은 $m = \dfrac{5}{2}$ 이다.

정리 1.2.4 ● 실수의 성질

a가 실수일 때

$$-|a| \le a \le |a|$$

이다.

증명

정의 1.2.1에 의하여 $a = |a|$ 또는 $a = -|a|$이므로 $-|a| \le a \le |a|$이다. □

정리 1.2.5 ● 삼각부등식

a, b가 실수일 때

$$|a+b| \le |a| + |b|$$

이다.

증명

$-|a| \le a \le |a|$와 $-|b| \le b \le |b|$를 더하면

$$-(|a|+|b|) \le a+b \le |a|+|b| \tag{$*$}$$

이다.

$A = a + b, B = |a| + |b|$라 두면 (*)는 $-B \leq A \leq B$ 즉, $|A| \leq B$ 이다. 그러므로

$$|a + b| \leq |a| + |b|$$

이다.

삼각부등식에서 등호는 $a = b$이거나 a, b 중 적어도 하나가 0인 경우 성립한다. 삼각형의 변의 길이를 생각해보면 $|a + b| < |a| + |b|$임을 알 수 있다.

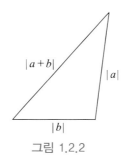

그림 1.2.2

위의 삼각부등식은 실수만이 아니라 벡터 등에 대해서도 성립한다.

정리 1.2.5를 변형하면 $|a| = |a - b + b| \leq |a - b| + |b|$이므로

$$|a| - |b| \leq |a - b|$$

이다.

정리 1.2.6 ● **부등식의 제곱**

a, b가 실수일 때

$$|a| < |b| \Leftrightarrow a^2 < b^2$$

이다.

a, b가 양의 실수일 때 $a < b \Leftrightarrow a^2 < b^2$은 성립한다. 한편 $a = -3, b = 1$이라고 할 때 $(-3)^2 \not< 1^2$이므로 모든 실수에 대하여 $a < b \Leftrightarrow a^2 < b^2$은 성립하지 않는다.

부등식을 제곱할 때 부등호의 방향은 절댓값의 크기에 의존한다.

1. 다음 방정식의 실근을 구하여라.

    (1) $x^2 + 6x + 8 = 0$

    (2) $x^3 - 64 = 0$

    (3) $(x+2)^2(x-1) + 2(x+2)(x-1)^2 = 0$

    (4) $x^3 + 3x^2 + x + 3 = 0$

2. 다음 부등식을 풀어라.

    (1) $|x - 3| < 5$

    (2) $|-3x + 1| \geq 2$

    (3) $\dfrac{x}{x^2 + 2} < \dfrac{1}{x - 2}$

    (4) $\dfrac{x + 1}{x - 2} \geq 1$

3. $x \geq 1 + \dfrac{6}{x}$ 을 풀어라.

4. 다음을 만족하는 x를 구하여라.

    (1) $|2x + 11| = |-x + 3|$

    (2) $|x^2 + 1| = |x^2 - 1|$

    (3) $|x - 1|^2 + 2|x - 1| - 3 = 0$

    (4) $3x - 2 = |x + 5|$

1. 다음 방정식의 실근을 구하여라.

    (1) $(x+6)^2 - 4 = 0$

    (2) $x^3 + 8 = 0$

    (3) $x^2 - 4x + 1 = -\dfrac{6}{x}$

    (4) $x^5 - x^4 - x + 1 = 0$

2. $-1 \le a < 4$일 때 $\sqrt{(a+1)^2} + |a-4| + |a-5|$를 구하여라.

3. 다음 부등식을 풀어라.

    (1) $3|x-1| > 2$

    (2) $\dfrac{5}{|x+3|} > 7$

    (3) $\left|\dfrac{3x^2-1}{5}\right| \le \dfrac{1}{2}$

    (4) $|3x+5| < 1$

4. $\dfrac{x+1}{x-2} \le \dfrac{x}{x+2}$ 을 풀어라.

5. $\dfrac{(x-1)^{\frac{1}{3}}(2x+1)^2}{(x^2+2)(x+3)^3} \ge 0$을 풀어라.

2

함수

2.1 함수와 그래프

함수의 정의

두 집합 A, B에 대하여 함수를 다음과 같이 정의한다.

정의 2.1.1 ◆ 함수, 독립변수, 종속변수, 함숫값, 정의역, 공역, 치역

함수 f는 X의 각 원소 x에 Y의 원소 y를 꼭 하나씩만 대응시키는 규칙이다. 이때 $y = f(x)$라고 쓰며 기호는 다음과 같다.

$$f : X \rightarrow Y$$

x를 **독립변수**, y를 **종속변수**라 하고 x에 대응하는 $f(x)$를 함수 f에 의한 x의 **함숫값**이라고 한다.

집합 X를 함수 f의 **정의역**(domain), Y를 f의 **공역**(codomain), Y의 부분집합인 함숫값 들의 집합 $f(X) = \{f(x) | x \in X\}$를 f의 **치역**(range)이라 한다.

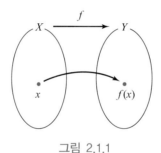

그림 2.1.1

정의역이 주어지지 않은 경우 함수 $y = f(x)$의 정의역은 함숫값이 정의될 수 있는 가장 큰 집합으로 한다. 정의역과 치역은 다양한 집합도 될 수 있으나 미적분학에서는 실수의 집합으로 간주한다.

예제 2.1.1 정의역, 치역 구하기 ───────────────────────────

다음 함수에 대하여 정의역과 치역을 구하여라.

(a) $f(x) = x - 3$ (b) $f(x) = \dfrac{|x|}{x}$

풀이

(a) 정의역, 치역 모두 실수 전체 집합이다.

(b) $f(x) = \dfrac{|x|}{x} = \begin{cases} 1, & x > 0 \\ -1, & x < 0 \end{cases}$ 이다. 정의역은 분모가 0이 되는 점을 제외한

$\{x \in \mathbb{R} \mid x \neq 0\}$ 이고 치역은 $\{-1, 1\}$ 이다.

정의 2.1.2 **함수의 그래프, 절편**

방정식 $y = f(x)$를 만족하는 평면상의 모든 점 $(x, f(x))$들의 집합을 함수 $f : X \to Y$의 **그래프**라고 한다. 즉,

$$\text{함수 } f \text{의 그래프} = \{(x, f(x)) \mid x \in X\}$$

이다.

이때 함수의 그래프가 x축과 만나는 점의 x좌표를 **x절편**, y축과 만나는 점의 y좌표를 **y절편**이라고 한다.

함수 $y = x^3 - 3x^2 + 2$는 정의역이 실수 전체라고 할 때 x축이 정의역이고, y축이 치역인 그림 2.1.3(a)의 그래프이다. 이 함수의 정의역이 $\{x \in \mathbb{R} \mid 0 \leq x \leq 2\}$인 경우 치역은 $\{y \in \mathbb{R} \mid -2 \leq y \leq 2\}$인 그림 2.1.3(b)의 그래프이다.

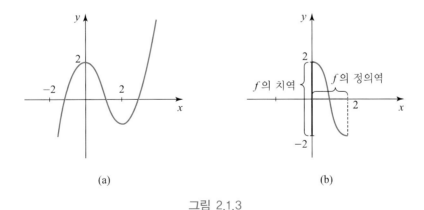

(a)   (b)

그림 2.1.3

예제 2.1.2 **함수의 그래프 그리기** ─────────

함수 $f(x) = 2x - 1$에 대하여 다음을 정의역으로 하는 함수 f의 그래프를 그려라.

(a) $\{-1, 0, 1, 2, 3\}$ (b) $\{x \mid -1 \leq x \leq 3\}$

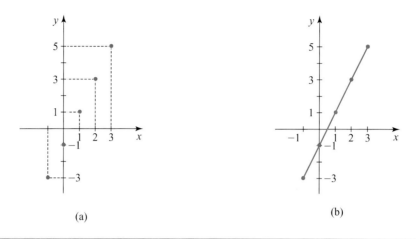

(a)   (b)

좌표평면에 곡선이 주어진 경우 간단한 방법으로 곡선이 함수의 그래프가 되는지 확인할 수 있다.

수직선 판정법(vertical line test)

곡선이 x축에 수직인 직선과 두 점 이상에서 만나면, 이 곡선은 함수의 그래프가 될 수 없다. 왜냐하면, x의 값에 y의 값이 꼭 하나만 대응되어야 함수가 되기 때문이다.

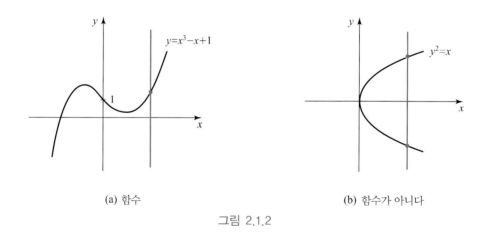

(a) 함수   (b) 함수가 아니다

그림 2.1.2

◉ 함수의 그래프

다항함수, 유리함수, 무리함수의 그래프를 살펴보자.

다항함수, 차수

음이 아닌 정수 n과 실수 $a_n(\neq 0), a_{n-1}, \cdots, a_0$에 대하여

$$f(x) = a_n x^n + a_{n-1} x^{n-1} + \cdots + a_1 x + a_0$$

인 함수를 **다항함수**라고 하며 n을 다항함수의 **차수**(degree)라고 한다.

모든 다항함수는 실수 전체의 집합에서 정의된다.

상수함수, 항등함수

함수 $f : X \to Y$에서

(1) 정의역 X의 모든 원소에 대한 함숫값이 일정할 때, 즉 $f(x) = c$(상수)인 경우 이 함수를 **상수함수**라고 한다.

(2) 정의역 X의 모든 원소 x에 대하여 $f(x) = x$일 때, 이 함수를 **항등함수**라고 한다.

다항함수 중에서 일차함수와 이차함수의 그래프를 살펴보자.

일차함수 $y = ax + b \, (a \neq 0)$의 그래프는 기울기가 a이고 y절편이 b인 직선이다.

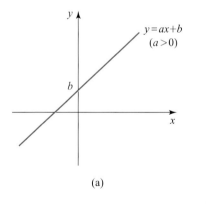
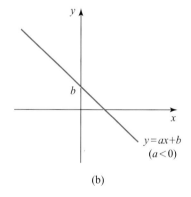

(a)   (b)

그림 2.1.4

함수 $y = f(x)$을 x축 방향으로 a만큼 y축 방향으로 b만큼 평행이동하면

$$y - b = f(x - a)$$

이다.

이차함수 $y = ax^2$은 $a > 0$일 때 점 $(0,0)$을 지나는 아래로 볼록한 포물선의 그래프이고

$a < 0$일 때 위로 볼록한 포물선이다. 함수 $y = ax^2 + bx + c$는 완전제곱식으로 변형하면

$$y = a\left(x + \frac{b}{2a}\right)^2 - \frac{b^2 - 4ac}{4a}$$

이 되고 이 함수의 그래프는 $y = ax^2$의 그래프를 x축 방향으로 $-\dfrac{b}{2a}$만큼, y축 방향으로 $-\dfrac{b^2 - 4ac}{4a}$만큼 평행이동하여 얻는다.

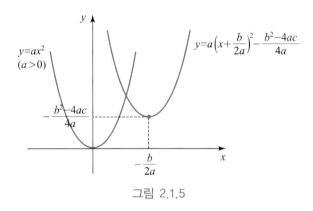

그림 2.1.5

정의 2.1.5 ◀ 유리함수

$p(x), q(x)$가 다항식일 때,

$$f(x) = \frac{p(x)}{q(x)}, \ \ q(x) \neq 0$$

를 **유리함수**라고 한다.

유리함수 $f(x) = \dfrac{p(x)}{q(x)}$의 정의역은 $q(x) \neq 0$인 모든 실수 x이다.

예제 2.1.3 유리함수의 정의역 구하기 ─────────────

다음 함수의 정의역을 구하여라.

(a) $f(x) = \dfrac{3}{x - 1}$ (b) $f(x) = \dfrac{x^2 + 7x - 11}{x^2 - 4}$

풀이

(a) f는 $x - 1 \neq 0$인 모든 x에 대하여 정의되므로 정의역은

$$\{x \in \mathbb{R} \mid x \neq 1\}$$

이다.

(b) f는 $x^2 - 4 = (x-2)(x+2) \neq 0$인 모든 x에 대하여 정의되므로 정의역은

$$\{x \in \mathbb{R} \mid x \neq \pm 2\}$$

이다.

유리함수 $y = \dfrac{a}{x}$의 그래프는 $a > 0$인 경우 $x \neq 0$인 실수의 범위에서 x에 대한 $\dfrac{a}{x}$의 값을 좌표평면 위에 그려보면 그림 2.1.6과 같은 원점에 대칭인 곡선이 된다.

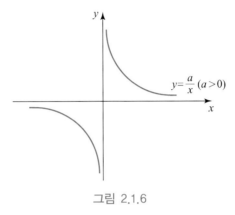

그림 2.1.6

함수 $y = \dfrac{a}{x-p} + q$의 그래프는 함수 $y = \dfrac{a}{x}$의 그래프를 x축으로 p만큼, y축으로 q만큼 평행이동하여 얻는다.

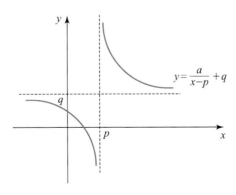

그림 2.1.7

함수 $f(x)$와 0이 아닌 정수 n에 대하여 적당한 x의 범위에서

$$y = \sqrt[n]{f(x)} = f(x)^{\frac{1}{n}}$$

을 생각할 수 있다.

특히 $f(x)$가 유리식일 때 $y = \sqrt[n]{f(x)}$를 **무리함수**라고 한다.

예제 2.1.4 무리함수의 정의역 구하기

다음 함수의 정의역을 구하여라.

(a) $f(x) = \sqrt{2-x}$ (b) $f(x) = \dfrac{1}{\sqrt{x^2 - 9}}$

풀이

(a) f는 $2 - x \geq 0$인 모든 x에 대하여 정의되므로 정의역은 $\{x \in \mathbb{R} \mid x \leq 2\}$이다.

(b) f는 $x^2 - 9 = (x-3)(x+3) > 0$인 모든 x에 대하여 정의되므로 정의역은

$$\{x \in \mathbb{R} \mid x < -3 \text{ 또는 } x > 3\}$$

이다.

무리함수 $y = \sqrt{ax}$의 그래프는 $a > 0$인 경우 $x \geq 0$이므로 그림 2.1.8(a)와 같은 곡선이 된다. 마찬가지로 $a < 0$인 경우 $x \leq 0$이므로 그림 2.1.8(b)과 같다.

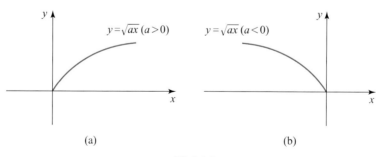

그림 2.1.8

함수 $y = \sqrt{ax+b} + c$는 $y - c = \sqrt{a\left(x + \dfrac{b}{a}\right)}$의 형태로 변형되므로 그래프는 함수 $y = \sqrt{ax}$의 그래프를 x축으로 $-\dfrac{b}{a}$만큼, y축으로 c만큼 평행이동하여 얻는다.

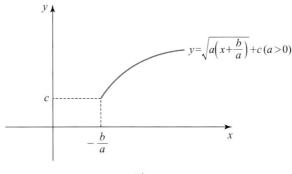

그림 2.1.9

◐ 우함수와 기함수

정의 2.1.7 **우함수, 기함수**

(1) 정의역의 모든 x에 대하여 $f(-x)=f(x)$이면, f를 **우함수**라고 한다.

(2) 정의역의 모든 x에 대하여 $f(-x)=-f(x)$이면, f를 **기함수**라고 한다.

🐝 다항함수 f의 각 항의 차수가 짝수인 경우 $f(-x)=f(x)$를 만족하므로 우함수를 **짝함수**라고도 한다. 마찬가지로 f의 각 항의 차수가 홀수인 경우 $f(-x)=-f(x)$를 만족하므로 기함수를 **홀함수**라고도 한다.

$f(-x)=f(x)$가 의미하는 것은 f의 그래프가 y축에 대하여 대칭임을 의미하며, $f(-x)$ $=-f(x)$은 f가 원점에 대하여 대칭임을 의미한다.

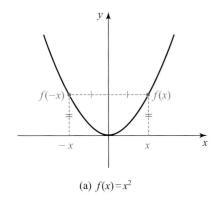

(a) $f(x)=x^2$

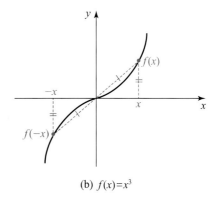

(b) $f(x)=x^3$

그림 2.1.10

예제 2.1.5 우함수, 기함수 판정하기 ─────────────────────────

다음 함수가 우함수인지 기함수인지 판정하여라.

(a) $f(x) = x^3 + x$　　　　(b) $g(x) = 2x^2 - 1$　　　(c) $h(x) = x^3 - x^2$

풀이

(a) $f(-x) = (-x)^3 + (-x) = -(x^3 + x) = -f(x)$이다. 그러므로 f는 기함수이다.

(b) $g(-x) = 2(-x)^2 - 1 = 2x^2 - 1 = g(x)$이다. 그러므로 g는 우함수이다.

(c) $h(-x) = (-x)^3 - (-x)^2 = -x^3 - x^2$이다.

　　$h(-x) \neq h(x)$ 이고 $h(-x) \neq -h(x)$이므로 h는 우함수도 기함수도 아니다.

우함수와 기함수로 나누는 이유

(1) 임의의 함수 $f(x)$는 항상 우함수와 기함수의 합으로 나타낼 수 있다.

$$f(x) = \frac{f(x) + f(-x)}{2} + \frac{f(x) - f(-x)}{2}$$

라 두자. 이때 $g(x) = \dfrac{f(x) + f(-x)}{2}$, $h(x) = \dfrac{f(x) - f(-x)}{2}$ 라 두면 $g(x)$는 우함수이고 $h(x)$는 기함수이다.

(2) 함수를 우함수 또는 기함수로 분류할 수 있다면 여러 경우에서 계산이 쉬워진다. 5장에서 배울 적분을 예로 들면

$$f(x)\text{가 우함수인 경우} \int_{-a}^{a} f(x)\,dx = 2\int_{0}^{a} f(x)\,dx$$

$$f(x)\text{가 기함수인 경우} \int_{-a}^{a} f(x)\,dx = 0$$

이 되는 등 여러 경우에서 계산이 쉬워진다.

○ 함수의 연산

함수 $h(x) = \dfrac{2}{x-3} + \sqrt{x+1}$ 의 정의역을 생각해보자.

$f(x) = \dfrac{2}{x-3}$, $g(x) = \sqrt{x+1}$ 인 두 함수에 대하여 f는 유리함수이므로 정의역은 $\{x \in \mathbb{R} \mid x \neq 3\}$이고 g는 무리함수이므로 정의역은 $\{x \in \mathbb{R} \mid x \geq -1\}$이다. 그러므로 함수 h

를 $\{x \in \mathbb{R} \mid x \geq -1, x \neq 3\}$에서 정의되는 함수로 보면 x에 대하여 함숫값 $\dfrac{2}{x-3} + \sqrt{x+1}$ 를 갖는 함수 $f+g$를 다음과 같이 정의할 수 있다.

$$(f+g)(x) = f(x) + g(x)$$

즉, $f+g$는 f와 g의 정의역의 공통부분에서 정의된다.

$f-g, fg, \dfrac{f}{g}$도 같은 방법으로 정의된다.

정의 2.1.8 함수의 연산

두 함수 f, g에 대하여 함수의 연산을 다음과 같이 정의한다.

(1) **함수의 합** $(f+g)(x) = f(x) + g(x)$

(2) **함수의 차** $(f-g)(x) = f(x) - g(x)$

(3) **함수의 곱** $(fg)(x) = f(x)g(x)$

(4) **함수의 몫** $\left(\dfrac{f}{g}\right)(x) = \dfrac{f(x)}{g(x)},\ g(x) \neq 0$

함수를 x를 기계 f에 넣어서 $f(x)$를 출력하는 과정에 비유해 보자. 두 개의 기계 f, g가 있어서 x를 f에 넣어서 $f(x)$를 출력하고 이를 g에 넣어서 $g(f(x))$를 출력한다고 하면 다음과 같은 함수의 연산을 정의할 수 있다.

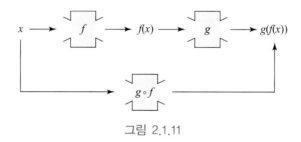

그림 2.1.11

정의 2.1.9 합성함수

함수 $f: X \to Y$와 $g: Y \to Z$에 대하여 f와 g의 **합성함수** $g \circ f: X \to Z$는

$$(g \circ f)(x) = g(f(x))$$

로 정의한다.

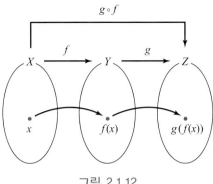

그림 2.1.12

예제 2.1.6 **합성함수에 대한 함숫값 구하기**

$f(x) = \sqrt{2x}$, $g(x) = \dfrac{4x}{x^2 + 2}$ 에 대하여 다음을 구하여라.

(a) $(g \circ f)(8)$ (b) $(g \circ f)(x)$

(c) $(f \circ g)(1)$ (d) $(f \circ g)(x)$

풀이

(a) $(g \circ f)(8) = g(f(8)) = g(4) = \dfrac{8}{9}$

(b) $(g \circ f)(x) = g(f(x)) = g(\sqrt{2x}) = \dfrac{4\sqrt{2x}}{2x + 2} = \dfrac{2\sqrt{2x}}{x + 1}$

(c) $(f \circ g)(1) = f(g(1)) = f\left(\dfrac{4}{3}\right) = \dfrac{2\sqrt{6}}{3}$

(d) $(f \circ g)(x) = f(g(x)) = f\left(\dfrac{4x}{x^2 + 2}\right) = \sqrt{2\dfrac{4x}{x^2 + 2}} = 2\sqrt{\dfrac{2x}{x^2 + 2}}$

○ 역함수

역함수의 정의를 보자.

정의 2.1.10 **역함수**

함수 $f : X \to Y$에 대하여 함수 $g : Y \to X$가 존재하여

모든 $y \in Y$에 대하여 $f(g(y)) = y$이고,

모든 $x \in X$에 대하여 $g(f(x)) = x$일 때

g를 f의 **역함수**(inverse function), f를 g의 **역함수**라고 한다.
기호로 $g = f^{-1}$, $f = g^{-1}$로 표시한다.

㊉ $f^{-1}(x)$는 $\dfrac{1}{f(x)}$과는 다르다. 함숫값 $f(x)$의 역수는 $\dfrac{1}{f(x)} = [\,f(x)\,]^{-1}$이다.

예제 2.1.7 역함수 관계의 함수

두 함수 $f(x) = x^3$, $g(x) = x^{1/3}$는 역함수 관계임을 보여라.

풀이

모든 실수 x에 대하여,

$$f(g(x)) = f(x^{1/3}) = (x^{1/3})^3 = x, \; g(f(x)) = g(x^3) = (x^3)^{1/3} = x$$

이므로 $g = f^{-1}(f = g^{-1})$이다.

모든 함수의 역함수가 존재하는 것은 아니다. 역함수를 가질 조건을 살펴보자.

정의 2.1.11 일대일 함수, 일대일대응 함수

함수 $f : X \to Y$에 대하여
(1) $f(x_1) = f(x_2)$일 때 $x_1 = x_2$이면 f를 **일대일**(one-to-one) **함수**라고 한다.
(2) f가 일대일 함수이고 $f(X) = Y$이면 f를 **일대일대응**(one-to-one correspondence) **함수**라고 한다.

함수의 그래프가 있을 때 주어진 함수가 일대일 함수인지를 확인할 수 있는 기하학적인 방법이 있다.

수평선 판정법(horizontal line test)
일대일 함수이기 위한 필요충분조건은 어떤 수평선도 함수의 그래프와 두 점 이상에서 만나지 않는 것이다.

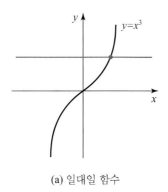
(a) 일대일 함수

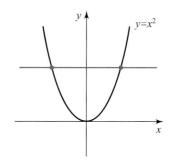
(b) 일대일 함수가 아니다

그림 2.1.13

(순)증가함수와 (순)감소함수

임의의 $x_1, x_2 \in X$에 대하여

(1) $x_1 < x_2$일 때 $f(x_1) < f(x_2)$이면 f를 **순증가함수**라고 하고

　　$x_1 < x_2$일 때 $f(x_1) \leq f(x_2)$이면 f를 **증가함수**라고 한다.

(2) $x_1 < x_2$일 때 $f(x_1) > f(x_2)$이면 f를 **순감소함수**라고 하고

　　$x_1 < x_2$일 때 $f(x_1) \geq f(x_2)$이면 f를 **감소함수**라고 한다.

주 모든 순증가(순감소)함수는 일대일 함수이다.

정리 2.1.12 ● **역함수를 가질 조건**

함수 $f : X \to f(X)$에 대하여 다음은 동치이다.

(1) f가 일대일 함수이다

(2) f의 역함수가 존재한다.

예제 2.1.8 **역함수 구하기**

함수 $f(x) = x^3 + 1$가 역함수를 가짐을 보여라.

풀이

$f(x_1) = f(x_2)$일 때 $x_1 = x_2$임을 보이면 된다.

$x_1^3 + 1 = x_2^3 + 1$이면 $(x_1 - x_2)(x_1^2 + x_1 x_2 + x_2^2) = 0$이므로 $x_1 = x_2$이다. 그러므로 f는 일대일 함수이고 역함수를 가진다.

예제 2.1.9 역함수를 갖지 않는 함수

함수 $f(x) = x^2 - 2x + 1$은 구간 $(-\infty, \infty)$에서 역함수를 갖지 않음을 보여라.

풀이

$f(0) = 1$이고 $f(2) = 1$이므로 일대일 함수가 아니다. 그러므로 주어진 함수 f는 역함수를 갖지 않는다.

역함수를 구하는 방법

(1) 주어진 함수의 역함수가 존재하는지 확인한다.

(2) x와 y를 서로 바꾼다. 즉, $x = f(y)$로 나타낸다.

(3) $x = f(y)$를 y에 대하여 풀어 $y = g(x)$의 꼴로 나타낸다.

(4) 원래 함수의 치역을 역함수의 정의역으로 한다.

예제 2.1.10 역함수 구하기

함수 $f(x) = 2x + 6$의 역함수를 구하여라.

풀이

$y = 2x + 6$에서 x와 y를 서로 바꾸면 $x = 2y + 6$이다. 이를 y에 대하여 풀면 $y = \dfrac{1}{2}x - 3$이고 이것이 함수 f의 역함수이다.

함수 $f(x) = x^3 + 3x^2 + 7x - 11$의 역함수를 구하는 것은 어렵다. 하지만 역함수의 대칭성을 이용하면 함수 f의 그래프로 부터 f^{-1}의 그래프를 얻을 수 있다. 즉, (a, b)가 $y = f(x)$의 그래프 위의 한 점으로 f가 역함수를 갖는다고 하면,

$$b = f(a)$$

이고

$$f^{-1}(b) = f^{-1}(f(a)) = a$$

이므로 (b, a)는 $y = f^{-1}(x)$의 그래프 위의 한 점이 된다. 점 (a, b)와 (b, a)는 $y = x$에 대하여 대칭인 점이므로 일대일 함수의 그래프가 주어지면, $y = x$에 대하여 대칭인 그래프를

그릴 수 있고, 이 그래프가 역함수의 그래프가 된다.

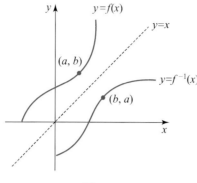

그림 2.1.14

1. 집합 X는 $\{-2,-1,0,1,2\}$이고 함수 $f:X \to \mathbb{R}$가 $f(x)=-x^2+2$으로 정의될 때 다음을 구하여라.

    (1) f의 치역   (2) f의 그래프

2. $f(x)=2x^2+1$일 때 $\dfrac{f(a+h)-f(a)}{h}$를 구하여라.

3. 다음 함수의 정의역을 구하여라.

    (1) $y=\dfrac{1}{x+1}$ (2) $y=\dfrac{x+4}{x^2-9}$

    (3) $y=\sqrt{x+5}$ (4) $y=\sqrt{4-x}-\sqrt{3+x}$

4. 세 점 $(-1,6),\ (0,3),\ (1,2)$를 지나는 이차함수를 구하여라.

5. 다음 함수가 우함수인지 기함수인지 판정하여라.

    (1) $f(x)=-x^4+2x^2+1$ (2) $f(x)=x^2-3x$

    (3) $f(x)=x^5+x^3-x$

6. 함수 $f(x)=3x+2$와 $g(x)=2x^2$에 대하여 다음을 구하여라.

    (1) $f \circ f$ (2) $f \circ g$

    (3) $g \circ f$ (4) $g \circ g \circ g$

7. 다음 함수의 역함수를 구하여라.

    (1) $f(x)=3x+2$ (2) $f(x)=\sqrt{x-1}+2\ \ (x \geq 1)$

8. 일대일 함수 f와 g에 대하여 $(f \circ g)^{-1}(x)=(g^{-1} \circ f^{-1})(x)$임을 보여라.

9. 길이가 $200\,\mathrm{m}$인 끈으로 직사각형 모양의 울타리를 만든다고 할 때 울타리 안쪽 넓이를 직사각형의 한 변의 길이를 이용한 함수로 나타내어라.

● 2.2 삼각함수

○ 일반각과 호도법

반직선에서 시점 O을 중심으로 회전하여 만들어지는 도형을 **각**이라 하고 그림 2.2.1의
반직선 OX을 **시초선**, 반직선 OP를 **동경**이라고 한다. 동경 OP가 점 O를 중심으로 회전
할 때 반시계방향을 **양의 방향**, 시계방향을 **음의 방향**이라고 한다.

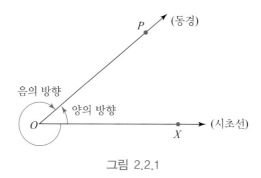

그림 2.2.1

각의 크기가 정해지면 동경은 하나로 결정되지만 동경이 주어질 때는 동경이 양의 방향
과 음의 방향으로 한 바퀴 이상을 회전할 수 있으므로 각의 크기를 한 가지로만 표현할 수
있는 것은 아니다. 예를 들어 시초선과 $40°$의 각을 이루는 동경은 아래의 그림 2.2.2처럼
여러 가지 각의 크기로 표현된다.

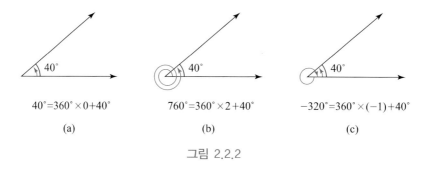

그림 2.2.2

정의 2.2.1 ● **일반각**

시초선 OX로부터 동경 OP가 나타내는 한 각의 크기를 $\alpha°$라고 하면 $\angle XOP$의 크기는
$360° \times n + \alpha° (n \in \mathbb{Z})$이고 이것을 동경 OP의 **일반각**이라 한다.

34 Chapter 2 함수

각을 나타낼 때 도(°)를 단위로 하는 표현방법을 **육십분법**이라고 한다. 반지름의 길이와 호의 길이가 같은 부채꼴에서 중심각의 크기는 원의 반지름의 길이와 관계없이 항상 $\dfrac{180°}{\pi}$ 로 일정하다. 이때 일정한 각 $\dfrac{180°}{\pi}$ 을 단위로 하여 각의 크기를 나타내는 표현방법을 **호도법**이라고 한다.

정의 2.2.2 **호도법**

반지름의 길이가 1인 단위원에서 호의 길이 1인 부채꼴의 중심각의 크기를 **1라디안** (radian)이라고 하며 이것을 단위로 하여 각의 크기를 나타내는 방법을 **호도법**이라고 한다.

$$1\text{라디안} = \frac{180°}{\pi}, \quad 1° = \frac{\pi}{180}\text{라디안}$$

㈜ 라디안(radian)은 반지름(radius)과 각도(angle)의 합성어이며 호도법으로 표현되는 각에서 단위인 라디안은 일반적으로 생략한다.

예제 2.2.1 **일반각과 호도법** ──────────

다음을 육십분법은 호도법으로 호도법은 육십분법으로 나타내어라.

(a) $15°$

(b) $120°$

(c) $-\dfrac{2}{3}\pi$

(d) $\dfrac{5}{3}\pi$

풀이

(a) $15° = 15 \times 1° = 15 \times \dfrac{\pi}{180} = \dfrac{\pi}{12}$

(b) $120° = 120 \times 1° = 120 \times \dfrac{\pi}{180} = \dfrac{2}{3}\pi$

(c) $-\dfrac{2}{3}\pi = \left(-\dfrac{2}{3}\pi\right) \times 1(\text{라디안}) = \left(-\dfrac{2}{3}\pi\right) \times \dfrac{180°}{\pi} = -120°$

(d) $\dfrac{5}{3}\pi = \dfrac{5}{3}\pi \times 1(\text{라디안}) = \dfrac{5}{3}\pi \times \dfrac{180°}{\pi} = 300°$

각의 크기를 나타내기 위하여 라디안을 사용하는 여러 가지 이유 중의 하나는 미분과 적분 계산의 간편함 때문이다.

4장에서 배우게 될 미분의 예를 살펴보자. 삼각함수 $\sin x$와 $\cos x$에서 정의역 x는 라디안으로 가정하기 때문에

$$(\sin x°)' = \left[\sin\left(\frac{\pi}{180}x\right)\right]' = \frac{\pi}{180}\cos\left(\frac{\pi}{180}x\right)$$

이다.

5장에서 배우게 될 적분의 예를 보면

$$\int \cos x° dx = \frac{180}{\pi}\sin\left(\frac{\pi}{180}x\right) + C\ (적분상수)$$

이다.

여러번 미분 또는 적분을 할 경우 숫자가 커지고 복잡해지기 때문에 라디안은 미적분 계산을 위하여 고안된 각의 크기를 나타내는 방법이라고 할 수 있다. 앞으로 이 책에서의 삼각함수의 일반각은 원의 둘레를 따라서 각의 크기를 측정하는 **호도법**(circular measure)으로 나타내기로 한다.

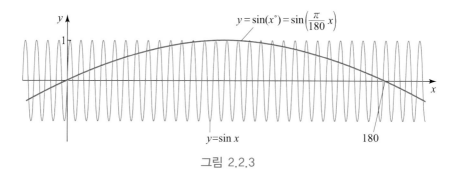

그림 2.2.3

● 삼각함수의 기본성질

삼각비의 정의를 일반각 θ로 확장하면 **사인함수**, **코사인함수**, **탄젠트함수**를 정의할 수 있다. 이것을 각각

$$y = \sin\theta\ (\theta \in \mathbb{R}),$$
$$y = \cos\theta\ (\theta \in \mathbb{R}),$$
$$y = \tan\theta\ (단,\ \theta \neq n\pi + \frac{\pi}{2},\ n \in \mathbb{Z})$$

로 나타낸다.

$\sin \theta$, $\cos \theta$, $\tan \theta$의 역수로 정의되는 함수를 각각 **코시컨트함수**, **시컨트함수**, **코탄젠트함수**라 하고, 이것을 기호로 각각 다음과 같이 나타낸다.

$$y = \csc \theta = \frac{1}{\sin \theta} \ (\text{단}, \ \theta \neq n\pi \, , \ n \in \mathbb{Z})$$

$$y = \sec \theta = \frac{1}{\cos \theta} \ (\text{단}, \ \theta \neq n\pi + \frac{\pi}{2} \, , \ n \in \mathbb{Z})$$

$$y = \cot \theta = \frac{1}{\tan \theta} \ (\text{단}, \ \theta \neq n\pi \, , \ n \in \mathbb{Z})$$

위와 같이 정의한 함수들을 각 θ에 대한 **삼각함수**라고 한다.

정리 2.2.3 ● 삼각비의 관계

(1) $\tan \theta = \dfrac{\sin \theta}{\cos \theta}$ (2) $\cot \theta = \dfrac{\cos \theta}{\sin \theta}$

(3) $\sin^2 \theta + \cos^2 \theta = 1$ (4) $1 + \tan^2 \theta = \sec^2 \theta$

(5) $1 + \cot^2 \theta = \csc^2 \theta$

반지름의 길이가 1인 단위원에서 동경과 단위원과의 교점의 좌표는 $\boldsymbol{P}(x, y) = (\cos \theta, \sin \theta)$이다. 또한 $\tan \theta = \dfrac{\sin \theta}{\cos \theta}$이므로 삼각함수의 값의 부호는 동경이 위치한 사분면의 x, y 부호에 의해 결정된다.

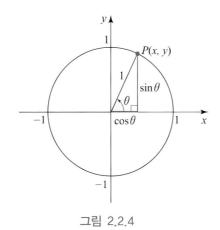

그림 2.2.4

(1) $-\theta$의 삼각함수

$$\sin(-\theta) = -\sin\theta$$

$$\cos(-\theta) = \cos\theta$$

$$\tan(-\theta) = -\tan\theta$$

(2) $\dfrac{\pi}{2} \pm \theta$의 삼각함수

$$\sin\left(\dfrac{\pi}{2} \pm \theta\right) = \cos\theta$$

$$\cos\left(\dfrac{\pi}{2} \pm \theta\right) = \mp\sin\theta$$

$$\tan\left(\dfrac{\pi}{2} \pm \theta\right) = \mp\cot\theta$$

예제 2.2.2   여러 가지 사분면의 각에서 삼각함수의 값 구하기

다음 값을 구하여라.

(a) $\tan\left(-\dfrac{\pi}{4}\right)$ (b) $\cos\dfrac{2}{3}\pi$ (c) $\sin\dfrac{13}{3}\pi$

풀이

(a) $\tan\left(-\dfrac{\pi}{4}\right) = -\tan\dfrac{\pi}{4} = -1$

(b) $\cos\dfrac{2}{3}\pi = \cos\left(\pi - \dfrac{\pi}{3}\right) = -\cos\dfrac{\pi}{3} = -\dfrac{1}{2}$

(c) $\sin\dfrac{13}{3}\pi = \sin\left(4\pi + \dfrac{\pi}{3}\right) = \sin\dfrac{\pi}{3} = \dfrac{\sqrt{3}}{2}$

---

sin, cos, tan, sec의 어원

5세기 인도의 천문학자이자 수학자인 아리아바타(Aryabhata)는 현의 길이의 절반을 표로 만든 Aryabhatiya's sine table을 만들었다.

현의 절반을 나타내기 위하여 사용한 힌두어 "jya" 또는 "jiva"를 "접혀있다"는 의미의 라틴어 "sinus"로 잘못 번역한데서 sin의 어원을 찾을 수 있다.

cos은 complementary sine을 축약하여 부르는 이름이다. 직각삼각형에서 직각이 아닌 두 각을 α, β라 할때 $\alpha + \beta = \dfrac{\pi}{2}$이다. 삼각비의 관계를 보면 (2.2절 삼각함수 참조)

$$\cos\beta = \cos\left(\dfrac{\pi}{2} - \alpha\right) = \sin\alpha$$

임을 알 수 있다. 코사인과 사인은 서로 보완하는(complementary) 각이라 할 수 있다.

tan은 tangent의 약자로 접선(tangent line)이라는 의미를 지니고 있고, 접촉한다는 뜻을 가진 라틴어 tangens에서 유래한 것이다.

sec는 secant의 약자로 자른다는 뜻을 가진 라틴어 secans에서 유래한 것이다. 곡선의 두 점을 지나는 직선을 할선(sceant line)이라 한다.

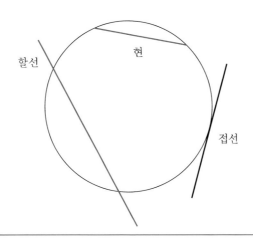

◉ 삼각함수의 그래프

$0 \leq \theta \leq 2\pi$ 의 특수한 각 θ에서 $\sin\theta$의 값의 변화를 표로 나타내어 보면 아래의 규칙을 가진다.

θ	0	$\dfrac{\pi}{6}$	$\dfrac{\pi}{3}$	$\dfrac{\pi}{2}$	$\dfrac{2}{3}\pi$	$\dfrac{5}{6}\pi$	π	$\dfrac{7}{6}\pi$	$\dfrac{4}{3}\pi$	$\dfrac{3}{2}\pi$	$\dfrac{5}{3}\pi$	$\dfrac{11}{6}\pi$	2π
$\sin\theta$	0	$\dfrac{1}{2}$	$\dfrac{\sqrt{3}}{2}$	1	$\dfrac{\sqrt{3}}{2}$	$\dfrac{1}{2}$	0	$-\dfrac{1}{2}$	$-\dfrac{\sqrt{3}}{2}$	-1	$\dfrac{-\sqrt{3}}{2}$	$-\dfrac{1}{2}$	0

또한 여러 가지 각에서의 삼각함수 값의 성질을 일반각으로 적용하면 그림 2.2.5와 같은 사인함수 $f(\theta) = \sin\theta$의 그래프를 얻는다.

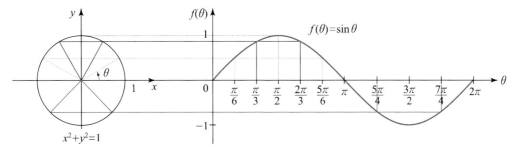

그림 2.2.5

함수 $y = f(x)$의 정의역에 속하는 임의의 원소 x에 대하여 $f(x + p) = f(x)$을 만족하는 가장 작은 양수 p를 **주기**라고 하고 이 함수를 **주기함수**라고 한다. 주기함수인 경우 상수 p의 값은 무수히 많다. 일반적으로 가장 작은 p값을 주기라고 한다. 삼각함수는 주기함수이다.

정리 2.2.5 ● **사인함수 $y = \sin x$, 코사인함수 $y = \cos x$의 성질**

(1) 정의역은 실수 전체의 집합이고, 치역은 $\{y \mid -1 \le y \le 1\}$이다.
(2) 주기가 2π인 주기함수이다.
(3) 사인함수 $y = \sin x$의 그래프는 원점에 대하여 대칭이고, 코사인함수 $y = \cos x$의 그래프는 y축에 대하여 대칭이다.

점 P가 단위원 위를 움직일 때, $\tan \theta$의 값은 오른쪽 그림의 점 T의 y좌표로 결정된다. 이때 θ의 값을 x축, 그에 대응하는 $\tan \theta$의 값을 y축에 나타내고 여러 가지 각에서의 삼각함수의 성질을 이용하면 탄젠트함수 $y = \tan x$의 그래프를 얻는다.

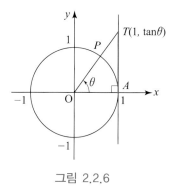

그림 2.2.6

정리 2.2.6 ● **탄젠트함수 $y = \tan x$의 성질**

(1) 정의역은 $x \ne n\pi + \dfrac{\pi}{2}$ $(n \in \mathbb{Z})$인 실수 전체의 집합이고, 치역은 실수 전체의 집합이다.
(2) 그래프의 점근선은 직선 $x = n\pi + \dfrac{\pi}{2}$ $(n \in \mathbb{Z})$이다.
(3) 주기가 π인 주기함수이다.
(4) 그래프는 원점에 대하여 대칭이다.

대표적인 삼각함수들의 그래프의 개형은 그림 2.2.7과 같다.

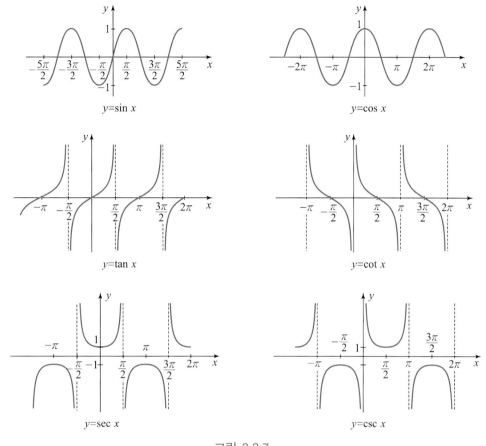

그림 2.2.7

삼각함수의 각의 크기를 미지수로 하는 방정식을 **삼각방정식**이라고 하고 삼각함수의 그래프를 활용하거나 단위원을 이용하면 삼각방정식의 해를 구할 수 있다.

예제 2.2.3 삼각방정식의 해 구하기 ───────────────────

다음 방정식의 해를 구하여라. (단, $0 \le x < 2\pi$)

(a) $2\sin x - 1 = 0$ (b) $\cos^2 x - 3\cos x + 2 = 0$ (c) $\tan x = \sqrt{3}$

풀이

(a) $\sin x = \dfrac{1}{2}$ 이므로 $y = \sin x$ 와 $y = \dfrac{1}{2}$ 의 그래프를 그려서 두 그래프의 교점의 x 좌표를 구하면 $x = \dfrac{\pi}{6}$ 혹은 $x = \dfrac{5\pi}{6}$ 이다.

(b) $\cos^2 x - 3\cos x + 2 = (\cos x - 1)(\cos x - 2)$ 이므로 $\cos x = 1$ 혹은 $\cos x = 2$ 이다.

$-1 \leq \cos x \leq 1$ 이기 때문에 $\cos x = 1$(단, $0 \leq x < 2\pi$)이다. 코사인함수의 그래프로부터 삼각방정식의 해는 $x = 0$이다.

(c) $\tan \dfrac{\pi}{3} = \sqrt{3}$ 이 성립하므로 $x = \dfrac{\pi}{3}$ 는 삼각방정식 $\tan x = \sqrt{3}$ 의 해이다. 또한 $y = \tan x$의 주기가 π이므로 $0 \leq x < 2\pi$인 해 $x = \dfrac{\pi}{3}$ 혹은 $x = \dfrac{4\pi}{3}$ 이다.

삼각함수의 그래프를 활용하면 삼각함수의 각의 크기를 미지수로 하는 부등식인 **삼각부등식**의 해를 구할 수 있다.

예제 2.2.4 삼각부등식의 해 구하기

다음 부등식의 해를 구하여라. (단, $0 \leq x < 2\pi$)

(a) $2\cos x + \sqrt{3} > 0$

(b) $\tan x \geq 1$

(c) $2\cos^2 x + \sin x - 2 \leq 0$

풀이

(a) $\cos x > -\dfrac{\sqrt{3}}{2}$ 이므로 그림 2.2.8(a)에서 $y = \cos x$ 그래프가 직선 $y = -\dfrac{\sqrt{3}}{2}$ 보다 위에 있는 x의 값의 범위이다. 그러므로 $0 \leq x < \dfrac{5}{6}\pi$ 또는 $\dfrac{7}{6}\pi < x < 2\pi$ 이다.

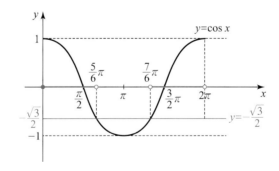

그림 2.2.8(a)

(b) 부등식 $\tan x \geq 1$의 해는 $y = \tan x$ 그래프가 직선 $y = 1$과 만나는 부분 또는 위쪽에 있는 부분의 x의 값의 범위이다. 그러므로 $\dfrac{\pi}{4} \leq x < \dfrac{\pi}{2}$ 또는 $\dfrac{5}{4}\pi \leq x < \dfrac{3}{2}\pi$ 이다.

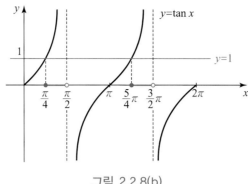

그림 2.2.8(b)

(c) 부등식 $2\cos^2 x + \sin x - 2 \leq 0$는 $2(1 - \sin^2 x) + \sin x - 2 \leq 0$이므로

즉 $\sin x\,(2\sin x - 1) \geq 0$을 만족하는 삼각부등식 $\sin x \leq 0$ 또는 $\sin x \geq \dfrac{1}{2}$의 해를 구하면 된다. 그래프로부터 $\dfrac{\pi}{6} \leq x \leq \dfrac{5}{6}\pi$ 또는 $\pi \leq x < 2\pi$가 부등식의 해가 된다.

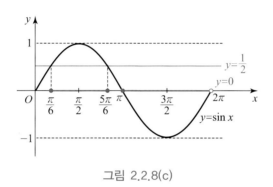

그림 2.2.8(c)

○ 삼각함수의 덧셈정리

삼각함수의 덧셈정리란 두 각의 합 또는 차의 삼각함수의 값을 각각의 각에 대한 삼각함수의 값들의 곱을 이용하여 표현하는 식으로 삼각함수와 관련된 다양한 식들을 간단하게 만드는 데 적용된다.

정리 2.2.7 ● **삼각함수의 덧셈정리**

(1) 사인의 덧셈정리
$$\sin(\alpha + \beta) = \sin\alpha\cos\beta + \cos\alpha\sin\beta$$
$$\sin(\alpha - \beta) = \sin\alpha\cos\beta - \cos\alpha\sin\beta$$

(2) 코사인의 덧셈정리

$$\cos(\alpha+\beta)=\cos\alpha\cos\beta-\sin\alpha\sin\beta$$

$$\cos(\alpha-\beta)=\cos\alpha\cos\beta+\sin\alpha\sin\beta$$

(3) 탄젠트의 덧셈정리

$$\tan(\alpha+\beta)=\frac{\tan\alpha+\tan\beta}{1-\tan\alpha\tan\beta}$$

$$\tan(\alpha-\beta)=\frac{\tan\alpha-\tan\beta}{1+\tan\alpha\tan\beta}$$

증명

아래 도형에서 선분 OA의 길이는 1이고 $\angle AEC = \angle ABD = \angle ACO = \dfrac{\pi}{2}$ 이다.
$\angle AOC = \beta$, $\angle COD = \alpha$ 라 하면 $\angle EAC = \alpha$ 이다.

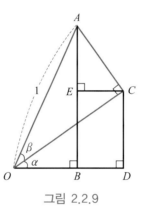

그림 2.2.9

(1) 사인의 덧셈정리

$$
\begin{aligned}
\sin(\alpha+\beta) &= \overline{AB}\\
&= \overline{AE}+\overline{EB}\\
&= \overline{AE}+\overline{CD}\\
&= \overline{AC}\cos\alpha+\overline{OC}\sin\alpha\\
&= \sin\alpha\,\overline{OC}+\cos\alpha\,\overline{AC}=\sin\alpha\,\cos\beta+\cos\alpha\,\sin\beta\\
\sin(\alpha-\beta) &= \sin[\alpha+(-\beta)]\\
&= \sin\alpha\,\cos(-\beta)+\cos\alpha\,\sin(-\beta)\\
&= \sin\alpha\,\cos\beta-\cos\alpha\,\sin\beta
\end{aligned}
$$

(2) 코사인의 덧셈정리

$$\begin{aligned}
\cos{(\alpha+\beta)} &= \overline{OB} = \overline{OD} - \overline{BD} \\
&= \overline{OD} - \overline{EC} = \overline{OC}\cos\alpha - \overline{AC}\sin\alpha \\
&= \cos\alpha\,\overline{OC} - \sin\alpha\,\overline{AC} = \cos\alpha\cos\beta - \sin\alpha\sin\beta \\
\cos{(\alpha-\beta)} &= \cos{[\alpha+(-\beta)]} \\
&= \cos\alpha\cos(-\beta) - \sin\alpha\sin(-\beta) \\
&= \cos\alpha\cos\beta + \sin\alpha\sin\beta
\end{aligned}$$

(3) 탄젠트의 덧셈정리

$$\begin{aligned}
\tan{(\alpha+\beta)} &= \frac{\sin(\alpha+\beta)}{\cos(\alpha+\beta)} \\
&= \frac{\sin\alpha\cos\beta + \cos\alpha\sin\beta}{\cos\alpha\cos\beta - \sin\alpha\sin\beta} \\
&= \frac{\dfrac{\sin\alpha\cos\beta}{\cos\alpha\cos\beta} + \dfrac{\cos\alpha\sin\beta}{\cos\alpha\cos\beta}}{1 - \dfrac{\sin\alpha\sin\beta}{\cos\alpha\cos\beta}} \\
&= \frac{\tan\alpha + \tan\beta}{1 - \tan\alpha\tan\beta} \\
\tan{(\alpha-\beta)} &= \tan{[\alpha+(-\beta)]} \\
&= \frac{\tan\alpha + \tan(-\beta)}{1 - \tan\alpha\tan(-\beta)} \\
&= \frac{\tan\alpha - \tan\beta}{1 + \tan\alpha\tan\beta}
\end{aligned}$$

■

예제 2.2.5 **삼각함수의 덧셈정리 활용하기** ─────────────────

다음 값을 구하여라.

(a) $\cos\dfrac{7}{12}\pi$ (b) $\sin\dfrac{\pi}{12}$

풀이

(a) $\cos\dfrac{7}{12}\pi = \cos\left(\dfrac{\pi}{3} + \dfrac{\pi}{4}\right) = \cos\dfrac{\pi}{3}\cos\dfrac{\pi}{4} - \sin\dfrac{\pi}{3}\sin\dfrac{\pi}{4} = \dfrac{1}{2}\dfrac{\sqrt{2}}{2} - \dfrac{\sqrt{3}}{2}\dfrac{\sqrt{2}}{2}$

$\qquad = \dfrac{\sqrt{2} - \sqrt{6}}{4}$

(b) $\sin\dfrac{\pi}{12} = \sin\left(\dfrac{\pi}{4} - \dfrac{\pi}{6}\right) = \sin\dfrac{\pi}{4}\cos\dfrac{\pi}{6} - \cos\dfrac{\pi}{4}\sin\dfrac{\pi}{6} = \dfrac{\sqrt{2}}{2}\dfrac{\sqrt{3}}{2} - \dfrac{\sqrt{2}}{2}\dfrac{1}{2}$

$\qquad = \dfrac{\sqrt{6} - \sqrt{2}}{4}$

예제 2.2.6 삼각함수의 덧셈정리 활용하기 ─────────────

$\dfrac{\pi}{2} < \alpha < \pi$, $\dfrac{3}{2}\pi < \beta < 2\pi$ 이고 $\sin\alpha = \dfrac{12}{13}$, $\sin\beta = -\dfrac{3}{5}$ 일 때 $\tan(\alpha + \beta)$을 구하여라.

풀이

$\dfrac{\pi}{2} < \alpha < \pi$, $\dfrac{3}{2}\pi < \beta < 2\pi$ 이므로 $\cos\alpha < 0$, $\cos\beta > 0$ 이다. 그러므로

$\cos\alpha = -\sqrt{1 - \sin^2\alpha} = -\dfrac{5}{13}$, $\cos\beta = \sqrt{1 - \sin^2\beta} = \dfrac{4}{5}$ 이고

$\tan\alpha = \dfrac{\sin\alpha}{\cos\alpha} = -\dfrac{12}{5}$, $\tan\beta = \dfrac{\sin\beta}{\cos\beta} = -\dfrac{3}{4}$ 이다.

삼각함수의 덧셈정리에 의해 $\tan(\alpha + \beta) = \dfrac{\tan\alpha + \tan\beta}{1 - \tan\alpha\tan\beta} = \dfrac{63}{16}$ 이다.

삼각함수의 덧셈정리를 활용하면 여러 가지 정리들을 얻을 수 있다. 대표적인 것이 삼각함수의 배각, 반각의 공식이다.

정리 2.2.8 **삼각함수의 배각의 공식, 반각의 공식**

(1) 배각의 공식

$\qquad \sin 2\theta = 2\sin\theta\cos\theta$

$\qquad \cos 2\theta = \cos^2\theta - \sin^2\theta = 2\cos^2\theta - 1 = 1 - 2\sin^2\theta$

$\qquad \tan 2\theta = \dfrac{2\tan\theta}{1 - \tan^2\theta}$

(2) 반각의 공식

$\qquad \sin^2\dfrac{\theta}{2} = \dfrac{1 - \cos\theta}{2}$

$\qquad \cos^2\dfrac{\theta}{2} = \dfrac{1 + \cos\theta}{2}$

$\qquad \tan^2\dfrac{\theta}{2} = \dfrac{1 - \cos\theta}{1 + \cos\theta}$

$\dfrac{\pi}{2} < \alpha < \pi$ 이고 $\sin\alpha = \dfrac{2\sqrt{2}}{3}$ 일 때, $\sin\dfrac{\alpha}{2}$, $\sin 2\alpha$ 를 각각 구하여라.

풀이

$\dfrac{\pi}{2} < \alpha < \pi$ 에서 $\cos\alpha < 0$ 이므로 $\cos\alpha = -\sqrt{1 - \sin^2\alpha} = -\dfrac{1}{3}$ 이다.

그러므로 반각의 공식에 의해 $\sin^2\dfrac{\alpha}{2} = \dfrac{1 - \cos\alpha}{2} = \dfrac{2}{3}$ 이고, $\dfrac{\pi}{2} < \alpha < \pi$ 에서 $\sin\dfrac{\alpha}{2} > 0$ 이므로 $\sin\dfrac{\alpha}{2} = \dfrac{\sqrt{6}}{3}$ 이다. 또한 배각의 공식에 의해 $\sin 2\alpha = 2\sin\alpha\cos\alpha = -\dfrac{4\sqrt{2}}{9}$ 이다.

1. 다음 각을 육십분법으로 나타내어라.

(1) $\dfrac{\pi}{4}$ (2) $\dfrac{5}{3}\pi$ (3) $-\dfrac{11}{6}\pi$

2. 다음 각을 호도법으로 나타내어라.

(1) $270°$ (2) $-135°$ (3) $150°$

3. $1+\tan^2\theta=\sec^2\theta$, $1+\cot^2\theta=\csc^2\theta$ 을 증명하여라.

4. θ가 제 2사분면 각이고 $\cos\theta=-\dfrac{3}{5}$ 일 때, $5\sin\theta-4\cot\theta$를 구하여라.

5. 다음 방정식을 풀어라. (단, $0\leq x\leq 2\pi$)

(1) $2\cos x-1=0$ (2) $\sin x=-\cos x$

(3) $\tan^2 x+\tan x=0$ (4) $\sin^2 x-3\cos x-3=0$

6. 다음 부등식을 풀어라. (단, $0\leq x\leq 2\pi$)

(1) $2\sin x>\sqrt{3}$ (2) $-\dfrac{1}{2}<\cos x<\dfrac{1}{\sqrt{2}}$

(3) $\sqrt{3}\sec^2 x-4\tan x<0$ (4) $\sin 2x>0$

7. $\sin(2\pi-\theta)+\cos(-\theta)+\sin\left(\dfrac{3}{2}\pi+\theta\right)-\sin(\theta-\pi)$ 를 간단히 하여라.

8. $\cos\left(x+\dfrac{\pi}{6}\right)=\dfrac{1}{\sqrt{2}}$ 의 해를 구하여라. (단, $-\dfrac{\pi}{2}\leq x\leq\dfrac{\pi}{2}$)

9. 두 직선 $y=2x+1$과 $y=\dfrac{1}{3}x-2$가 이루는 예각의 크기를 구하여라.

10. $\dfrac{\cos\theta}{1-\tan\theta}+\dfrac{\sin\theta}{1-\cot\theta}$ 을 간단히 하여라.

☞ 2.3 지수함수와 로그함수

○ 지수함수

임의의 자연수 n에 대하여 실수 a를 n번 곱한 것을 a의 n제곱이라 하고 a^n로 나타낸다.

$$a^n = \underbrace{a \times a \times \cdots \times a}_{n}$$

을 의미한다. 이때 a를 **밑**(base), n를 **지수**(exponent)라고 한다.

정의 2.3.1 **지수함수**

임의의 실수 x에 대하여 $f(x) = a^x \,(a \neq 1,\, a > 0)$를 **지수함수**라고 한다.

○ 밑 a의 범위

0보다 큰 모든 실수는 밑이 될 수 있지만, $a = 1$인 경우 $f(x) = 1^x$는 임의의 실수 x에 대하여 상수함수 $f(x) = 1$와 같으므로 지수함수의 밑으로 사용하지 않는다. $a < 0$인 경우 $f(x) = a^x$는 복소수를 함숫값으로 갖게 될 수 있다. 예를 들어

$$(-1)^{\frac{1}{2}} = \sqrt{-1} = i \notin \mathbb{R}$$

이다. 그러므로 지수함수의 밑을 얘기할 때 $a \neq 1,\, a > 0$인 경우만 다룬다.

○ 지수 x의 범위

지수함수 $f(x) = a^x$는 모든 실수에서 정의된다.

x가 유리수인 경우, 즉 임의의 정수 $m,\, n \neq 0$에 대하여 $x = \dfrac{m}{n}$인 경우,

$$a^{\frac{m}{n}} = \sqrt[n]{a^m} = \left(\sqrt[n]{a}\right)^m$$

이다.

x가 무리수인 경우 a^x의 값은 극한과 연속함수의 성질을 이용하여 정의할 수 있다. x가 무리수일 때 자연수 n에 대하여 $r_n < r_{n+1}$이고 $\lim\limits_{n \to \infty} r_n = x$인 유리수 수열 $\{r_n\}$을 항상 찾을 수 있으므로 $a^x = \lim\limits_{n \to \infty} a^{r_n}$으로 정의할 수 있다.

예를 들어 $3^{\sqrt{2}}$의 값을 생각해보자. $x = \sqrt{2}$인 경우,

$$r_n = \frac{\lfloor \sqrt{2} \times 10^n \rfloor}{10^n}$$

이라 하자. 임의의 실수 k에 대하여 $\lfloor k \rfloor$는 실수 k를 넘지 않는 최대의 정수를 의미한다. (3.3절 최대정수함수 참고)

$\lim\limits_{n \to \infty} r_n = \sqrt{2}$인 수열 $\{r_n\}$은

$$r_1 = 1.4, \; r_2 = 1.414, \; r_3 = 1.4142, \; r_3 = 1.41421, \; r_4 = 1.414213, \cdots$$

이다.

$$3^{1.4}, \; 3^{1.41}, \; 3^{1.414}, \; 3^{1.4142}, \; 3^{1.41421}, \; 3^{1.414213}, \cdots$$

를 계산해보면 값들이 점점 $3^{\sqrt{2}} \approx 3.72880$에 가까운 값이 됨을 알 수 있다. 증명과정은 이 책의 범위를 벗어나지만 연속함수의 성질과 실수의 완비성에 의하여 $3^{\sqrt{2}}$가 존재함을 알 수 있다.

그러므로 임의의 실수 x에 대하여 다음과 같은 지수법칙이 성립함을 알 수 있다.

정리 2.3.2 ◀ 지수법칙

양의 실수 a, b와 실수 x, y에 대하여

(1) $a^x a^y = a^{x+y}$

(2) $\left(a^x\right)^y = a^{xy}$

(3) $(ab)^x = a^x b^x$

(4) $a^{-x} = \dfrac{1}{a^x}$

(5) $\dfrac{a^x}{a^y} = a^{x-y}$

(6) $\left(\dfrac{a}{b}\right)^x = \dfrac{a^x}{b^x}$

이다.

㊟ $n = 0$인 경우, $a^0 = a^{x-x} = \dfrac{a^x}{a^x} = 1$이다.

예제 2.3.1 지수형태로 나타내기

다음을 지수형태로 변형하여라.

(a) $3\sqrt{x^5} \; (x \geq 0)$

(b) $\dfrac{5}{\sqrt[3]{x}} \; (x > 0)$

(c) $\dfrac{3x^2}{2\sqrt{x}} \; (x > 0)$

(d) $\left(2^x 2^{3+x}\right)^2$

(a) $3\sqrt{x^5} = 3x^{\frac{5}{2}}$

(b) $\dfrac{5}{\sqrt[3]{x}} = 5x^{-\frac{1}{3}}$

(c) $\dfrac{3x^2}{2\sqrt{x}} = \dfrac{3}{2}x^2 x^{-\frac{1}{2}} = \dfrac{3}{2}x^{\frac{3}{2}}$

(d) $\left(2^x \, 2^{3+x}\right)^2 = 2^{2x}\, 2^{6+2x} = 2^{4x+6}$

정리 2.3.3 ● **지수함수의 성질**

$a > 1$인 실수라고 할 때, $f(x) = a^x$, $g(x) = \left(\dfrac{1}{a}\right)^x$라 하자.

(1) f와 g의 정의역은 $(-\infty, \infty)$이다.

(2) f와 g의 치역은 $(0, \infty)$이다.

(3) f와 g은 점 $(0, 1)$을 지난다.

(4) f는 증가함수이고 g는 감소함수이다.

$a > 1$인 실수일 때 $0 < \dfrac{1}{a} < 1$이다. 예를 들어 $a = 2$인 경우 지수함수 $y = 2^x$와 $y = \left(\dfrac{1}{2}\right)^x$의 그래프는 다음과 같다. $y = 2^x$는 x의 값이 증가하면 y의 값도 증가하는 증가함수이고, $y = \left(\dfrac{1}{2}\right)^x$는 x의 값이 증가하면 y의 값은 감소하는 감소함수이다.

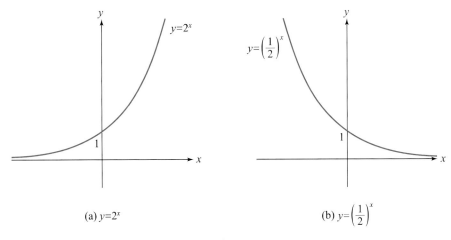

(a) $y = 2^x$ (b) $y = \left(\dfrac{1}{2}\right)^x$

그림 2.3.1

◐ 로그함수

$f(x) = a^x$는 정의역이 실수 전체이고 치역이 양의 실수 전체인 일대일 함수이므로 정리 2.1.11에 의하여 역함수를 갖는다. $f(x) = a^x$의 역함수를 로그함수라 한다.

정의 2.3.4 ◀ **로그함수**

$x = a^y$일 때, $y = \log_a x \ (a > 0, \ a \neq 1)$로 정의한다. 이때 y를 a를 밑으로 하는 **로그함수**라 한다.

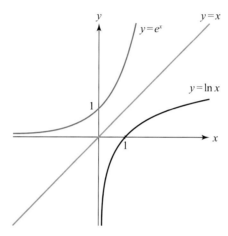

그림 2.3.2 $y = e^{\,x}$, $y = \ln x$의 관계

예제 2.3.2 **로그함수의 정의역 찾기** ──────────────────

다음 함수의 정의역을 구하여라.

(a) $y = \ln(x + 3)$ 　　　　　　　 (b) $y = \ln \dfrac{1}{2x - 1}$

풀이

(a) $x + 3 > 0$으로부터 $x > -3$이다.

(b) $y = \ln \dfrac{1}{2x - 1} = \ln(2x - 1)^{-1} = -\ln(2x - 1)$이다.

　　$2x - 1 > 0$으로부터 $x > \dfrac{1}{2}$이다.

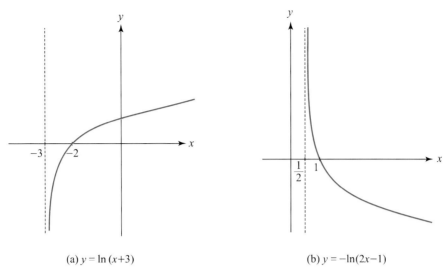

(a) $y = \ln(x+3)$　　　　　　　　(b) $y = -\ln(2x-1)$

그림 2.3.3

로그함수의 성질

실수 $a > 0$, $a \neq 1$와 $x > 0$, $y > 0$, z에 대하여 다음이 성립한다.

(1) $\log_a(xy) = \log_a x + \log_a y$

(2) $\log_a\left(\dfrac{x}{y}\right) = \log_a x - \log_a y$

(3) $\log_a(x^z) = z \log_a x$

로그함수 그래프의 성질

실수 $a > 1$와 $x > 0$에 대하여, $f(x) = \log_a x$, $g(x) = \log_{\frac{1}{a}} x$라 하자.

(1) f와 g의 정의역은 $(0, \infty)$이다.

(2) f와 g의 치역은 $(-\infty, \infty)$이다.

(3) f와 g은 점 $(1, 0)$을 지난다.

(4) f는 증가함수이고 g는 감소함수이다.

㈜ $g(x) = \log_{\frac{1}{a}} x = \log_{a^{-1}} x = -\log_a x$ 이다.

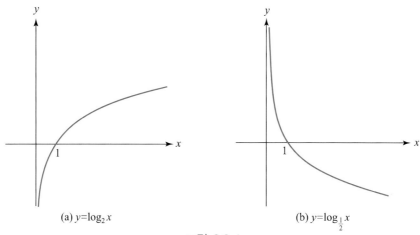

(a) $y=\log_2 x$

(b) $y=\log_{\frac{1}{2}} x$

그림 2.3.4

◉ 자연지수 e

미적분학에서 자주 사용되는 지수함수의 밑은 무리수 $e \approx 2.71828\cdots$ 이다. 무리수를 지수함수의 밑으로 사용하는 것이 복잡해 보일 수 있으나 방사성원소의 지수적 감쇠, 복리이자 계산 등 많은 자연현상을 설명하는 함수는 **자연지수함수** $f(x)=e^x$ 를 이용하여 나타낼 수 있다. e 를 다음과 같이 정의한다.

$$e = \lim_{h \to \infty}\left(1+\frac{1}{h}\right)^h$$

우리가 사용하는 수 체계는 10진법이므로 10을 밑으로 하는 로그를 **상용로그**라 하고 e 를 밑으로 하는 로그를 **자연로그**라 한다. 간단히 다음과 같이 쓰기로 한다. 즉,

$$\log_{10} x = \log x, \qquad \log_e x = \ln x$$

이다.

㉢ 천문학 등 공학에서 $\log x = \ln x$ 로 사용하기도 한다.

$y = \log_e x = \ln x$ 라 하면, 정의 2.3.4로부터 $x = e^y = e^{\ln x}$ 이다. 즉,

$$e^{\ln x} = x \ (x > 0)$$

이다. 또한 정리 2.3.5의 (3)으로부터 다음의 성질을 얻는다.

$$\ln e^x = x \ln e = x$$

정리 2.3.5의 (3)과 $x = \ln e^x$ 로부터 다음의 성질을 얻는다.

$$a^x = e^{\ln\left(a^x\right)} = e^{x \ln a} \ (a > 0,\ a \neq 1)$$

예를 들어 $3^x = e^{x \ln 3}$이다.

a^x와 $\log_a x$의 관계에 의하여 $\ln x = \ln \left(a^{\log_a x} \right) = \log_a x \ln a$이므로

$$\log_a x = \frac{\ln x}{\ln a}$$

가 성립함을 알 수 있다.

예제 2.3.3   로그식 변형

다음 식을 한 개의 항으로 변형하여라.

(a) $\log_2 27^x - \log_2 3^x$　　　　　　　(b) $\ln 8 - 3\ln \left(\dfrac{1}{2} \right)$

풀이

정리 2.3.5에 의하여 정리하면

(a) $\log_2 27^x - \log_2 3^x = \log_2 3^{3x} - \log_2 3^x = \log_2 \dfrac{3^{3x}}{3^x} = \log_2 3^{2x} = 2x \log_2 3$이다.

(b) $\ln 8 - 3\ln \left(\dfrac{1}{2} \right) = \ln 8 - \ln \left(\dfrac{1}{8} \right) = \ln (8 \times 8) = \ln 64 = 6\ln 2$이다.

예제 2.3.4   로그식 변형

다음 식을 한 개의 항으로 변형하여라.

(a) $\dfrac{1}{2} \{ \ln(x+1) + \ln(x+2) \}$　　　(b) $5\ln x + 3\ln y - 4\ln z$

풀이

정리 2.3.5에 의하여 정리하면

(a) $\dfrac{1}{2} \{ \ln(x+1) + \ln(x+2) \} = \ln \{ (x+1)(x+2) \}^{\frac{1}{2}} = \ln \sqrt{x^2 + 3x + 2}$ 이다.

(b) $5\ln x + 3\ln y - 4\ln z = \ln \dfrac{x^5 y^3}{z^4}$ 이다.

예제 2.3.5   지수, 로그방정식 해 구하기

다음 방정식을 풀어라.

(a) $e^{x-4} = 3$　　　　　　　　　(b) $\ln x + \ln(x+1) = \ln 6$

$\boxed{\text{풀이}}$

(a) 양변에 자연로그함수를 취하면 $x - 4 = \ln 3$ 이므로 $x = \ln 3 + 4$이다.

(b) 좌변을 간단히 하면 $\ln x + \ln (x+1) = \ln x(x+1)$이다.

로그함수의 정의에 의하여 $x > 0$, $x + 1 > 0$이므로 $x > 0$이다.

$\ln x$함수는 일대일 함수이므로 $x(x+1) = 6$이다. $x^2 + x - 6 = 0$으로부터 $x = 2$ 또는 $x = -3$이다. $x > 0$이어야 하므로 해는 $x = 2$이다.

1. 다음 함수의 정의역을 구하고 그래프를 그려라.

(1) $y = \ln(1 - 2x)$ (2) $y = \ln(x + 3)^2$

(3) $y = \ln(2 - x) + \ln(2 + x)$ (4) $y = 2\ln(x + 3)$

2. 다음 함수의 그래프를 그려라.

(1) $y = 2^x + 1$ (2) $y = \left(\dfrac{1}{3}\right)^{x-1}$

(3) $y = 1 - e^{-x}$ (4) $y = e^{-x^2}$

3. 다음 값을 계산하여라.

(1) $\log_7 49$ (2) $\log_{\frac{1}{2}} 256$

(3) $\log_8 10 - \log_2 5$ (4) $\log_{243} 9$

4. 다음을 하나의 로그로 표현하여라.

(1) $3\ln x - \ln y - 4\ln z$ (2) $\dfrac{\ln(x + h) - \ln x}{h}$

(3) $\dfrac{1}{2}\ln x + \ln(2y + 1)$

5. 다음을 간단히 하여라.

(1) $\ln(3e^{2x+1})$ (2) $\ln(e^{\ln \pi})$

(3) $\log_{\frac{1}{9}} 3^x$ (4) $\ln\left(\dfrac{2 + \sqrt{4 - x^2}}{2 - \sqrt{4 - x^2}}\right)$

6. 다음 방정식의 해를 구하여라.

(1) $x^2 e^x - e^x = 0$ (2) $-xe^{-x} + 2e^{-x} = 0$

7. 다음 방정식의 해를 구하여라.

(1) $2\ln x - \ln(x - 2)^2 = \ln 4$ (2) $\ln(x + 2) - \ln 3 = \ln x^2$

1. 다음 함수의 정의역과 치역을 구하여라.

(1) $f(x) = 1 - \sin x$

(2) $f(x) = \ln(x+3) - 1$

2. 함수 $f(x) = 1 - 2x$ 이고 $g(x) = \cos x$ 일 때 다음 함수와 그 정의역을 구하여라.

(1) $f \circ g$ (2) $g \circ f$

3. 함수 $f(x) = \dfrac{e^x + e^{-x}}{2}$ 이 우함수인지 기함수인지 조사하고 그래프의 개형을 그려라.

4. 다음 함수의 역함수를 구하여라.

(1) $f(x) = e^{x-1}$

(2) $f(x) = \ln(x+5), \ x > -5$

5. 함수 $f(x) = 2 + \sin x$ 의 그래프를 그려라.

6. $0 \le x \le 2\pi$ 일 때 $(\sin x + \cos x)^2 = \sin x + 2\cos x$ 의 해를 구하여라.

7. 다음 방정식의 해를 구하여라.

(1) $e^x - 3e^{-x} = 2$

(2) $\ln(x-2) + \ln(x-3) = \ln 20$

8. 시간 t 에서의 박테리아의 개체수를 $y(t)$ 라 할 때 $y(t) = y_0 e^{kt}$ 이고 $y_0 = y(0)$ 이다. 5시간마다 개체수가 2배가 되며 지금부터 3시간 후의 개체수가 3000개라 할 때 다음 물음에 답하여라. (k는 상수이다.)

(1) y_0 와 k를 구하여라.

(2) 12시간 후의 개체수를 구하여라.

극한

☞ 3.1   수열의 극한

○ 수열의 정의

수열은 수의 나열을 의미한다. 즉,

$$a_1, a_2, a_3, \cdots, a_n, \cdots$$

이다. 이때 f을 정의역이 자연수 $\mathbb{N}$인 함수

$$f(n) = a_n$$

로 정의하면 수열은 하나의 함수 $f : \mathbb{N} \to \mathbb{R}$로 생각할 수 있다. 여기서 n번째 항 a_n을 **일반항**이라고 하며, 무한수열인 경우 수열 $a_1, a_2, a_3, \cdots, a_n, \cdots$을 일반항 a_n을 이용하여 $\{a_n\}_{n=1}^{\infty}$ 또는 $\{a_n\}$으로 표시한다.

예제 3.1.1   일반항 구하기 ────────────────────────

다음 수열의 일반항을 구하여라.

$$\left\{ 1, \frac{1}{2}, \frac{1}{3}, \frac{1}{4}, \cdots \right\}$$

풀이

$a_1 = 1 = \dfrac{1}{1}$, $a_2 = \dfrac{1}{2}$, $a_3 = \dfrac{1}{3}$, $a_4 = \dfrac{1}{4}, \cdots$ 이므로 일반항은 $a_n = \dfrac{1}{n}$ 이다.

예제 3.1.2   일반항 구하기 ────────────────────────

다음 수열의 일반항을 구하여라.

$$\{ 9, 99, 999, 9999, \cdots \}$$

풀이

$a_1 = 9 = 10^1 - 1$, $a_2 = 99 = 10^2 - 1$, $a_3 = 999 = 10^3 - 1$, $a_4 = 9999 = 10^4 - 1, \cdots$ 이므로 일반항은 $a_n = 10^n - 1$이다.

첫째항부터 차례로 일정한 수를 더하여 얻어지는 수열 $\{a_n\}$을 **등차수열**이라고 한다. 각 항에 더해지는 일정한 수를 **공차**라 한다. 첫째항이 a, 공차가 d인 등차수열의 일반항은

$$a_n = a + (n-1)d$$

이다.

예제 3.1.3 등차수열의 일반항 ─────────────────

다음 수열의 일반항을 구하여라.

$$\{-10, -7, -4, -1, 2, \cdots\}$$

풀이

첫째항이 -10이고 공차가 3인 등차수열이므로 일반항은

$$a_n = -10 + 3(n-1) = 3n - 13$$

이다.

첫째항부터 차례로 일정한 수를 곱하여 얻어지는 수열 $\{a_n\}$을 **등비수열**이라고 한다. 각 항에 곱해지는 일정한 수를 **공비**라고 한다. 첫째항이 a, 공비가 r인 등비수열의 일반항은

$$a_n = ar^{n-1}$$

이다.

예제 3.1.4 등비수열의 일반항 ─────────────────

다음 수열의 일반항을 구하여라.

$$\{2, -4, 8, -16, \cdots\}$$

풀이

첫째항이 2이고 공비가 -2인 등비수열이므로 일반항은

$$a_n = 2(-2)^{n-1} = -(-2)^n$$

이다.

○ 수열의 합

수열 $\{a_n\}$에 대하여 첫째항 a_1에서 n번째 항 a_n까지 합을 S_n으로 쓰고 $\sum$를 사용하여 다음과 같이 쓴다. ($\sum$는 그리스 문자의 18번째 알파벳 대문자로 **시그마**라고 읽는다.)

$$S_n = a_1 + a_2 + a_3 + \cdots + a_n = \sum_{k=1}^{n} a_k.$$

$\sum$에는 다음과 같은 성질이 있다.

정리 3.1.3 ◀ $\sum$의 성질

수열 $\{a_n\}$, $\{b_n\}$에 대하여 다음을 만족한다. 여기서 c는 상수이다.

(1) $\displaystyle\sum_{k=1}^{n} (a_k \pm b_k) = \sum_{k=1}^{n} a_k \pm \sum_{k=1}^{n} b_k$

(2) $\displaystyle\sum_{k=1}^{n} ca_k = c \sum_{k=1}^{n} a_k$

(3) $\displaystyle\sum_{k=1}^{n} c = cn$

등차수열과 등비수열에 대하여 S_n을 구해보자.

예제 3.1.5　등차수열의 합

첫째항이 a이고 공차가 d인 등차수열에 대하여 S_n을 구하여라.

풀이

n번째 항을 $a_n = a + (n-1)d = l$이라고 두면, n번째 항까지의 합은

$$S_n = a + (a+d) + (a+2d) + (a+3d) + \cdots + (l-2d) + (l-d) + l$$

이고, 우변의 각항을 역으로 쓰면

$$S_n = l + (l-d) + (l-2d) + \cdots + (a+3d) + (a+2d) + (a+d) + a$$

이다. 위 두 식을 더하면

$$2S_n = (a+l) + (a+l) + \cdots + (a+l) + (a+l) = n(a+l)$$

이다. 따라서 n번째 항까지 등차수열의 합은

$$S_n = \frac{n(a+l)}{2} = \frac{n(2a + (n-1)d)}{2}$$

이다.

예제 3.1.6　등비수열의 합

첫째항이 a이고 공비가 r인 등비수열에 대하여 S_n을 구하여라.

풀이

$r = 1$인 경우

$$S_n = a + a + \cdots + a = na$$

이다.

$r \neq 1$인 경우 등비수열의 n번째까지의 합은

$$S_n = a + ar + ar^2 + ar^3 + \cdots + ar^{n-1}$$

이고, 이 식의 양변에 r을 곱하면

$$rS_n = ar + ar^2 + ar^3 + ar^4 + \cdots + ar^n$$

이다. 위 두 식을 빼면

$$(1-r)S_n = a - ar^n = a(1 - r^n)$$

이고 $r \neq 1$이므로 $S_n = \dfrac{a(1 - r^n)}{1 - r}$이다. 따라서 n번째 항까지 등비수열의 합은

$$S_n = \begin{cases} \dfrac{a(1 - r^n)}{1 - r} & , \ r \neq 1 \\ na & , \ r = 1 \end{cases}$$

이다.

예제 3.1.7　S_n 구하기

다음을 보여라.

(a) $\displaystyle\sum_{k=1}^{n} k = \frac{n(n+1)}{2}$

(b) $\displaystyle\sum_{k=1}^{n} k^2 = \frac{n(n+1)(2n+1)}{6}$

(c) $\displaystyle\sum_{k=1}^{n} k^3 = \left[\frac{n(n+1)}{2}\right]^2$

풀이

(a) 등차수열의 합의 공식을 이용하면 $\displaystyle\sum_{k=1}^{n} k = 1+2+\cdots+n = \frac{n(n+1)}{2}$ 이다.

(b) $(k+1)^3 - k^3 = 3k^2 + 3k + 1$ 에 $k=1, 2, \cdots, n$ 을 차례로 대입하여 변끼리 더하면

$$(n+1)^3 - 1^3 = 3(1^2 + 2^2 + \cdots + n^2) + 3(1+2+\cdots+n) + n$$

$$= 3\sum_{k=1}^{n} k^2 + 3\frac{n(n+1)}{2} + n$$

이므로 $\displaystyle\sum_{k=1}^{n} k^2 = \frac{n(n+1)(2n+1)}{6}$ 이다.

(c) 같은 방법으로 $(k+1)^4 - k^4 = 4k^3 + 6k^2 + 4k + 1$ 을 이용하여 구하면

$$\sum_{k=1}^{n} k^3 = \left[\frac{n(n+1)}{2}\right]^2 \text{이다.}$$

다음과 같은 경우 부분분수로 바꾸어 계산한다.

예제 3.1.8 부분분수로 바꾸기

$\displaystyle\sum_{k=1}^{n} \frac{2}{k(k+2)} = \frac{3n^2 + 5n}{2(n+1)(n+2)}$ 임을 보여라.

풀이

$\dfrac{2}{k(k+2)} = \dfrac{2}{(k+2)-k}\left(\dfrac{1}{k} - \dfrac{1}{k+2}\right) = \dfrac{1}{k} - \dfrac{1}{k+2}$ 이므로

$$\sum_{k=1}^{n} \frac{2}{k(k+2)} = \sum_{k=1}^{n}\left(\frac{1}{k} - \frac{1}{k+2}\right)$$

$$= \left(1 - \frac{1}{3}\right) + \left(\frac{1}{2} - \frac{1}{4}\right) + \left(\frac{1}{3} - \frac{1}{5}\right) + \cdots + \left(\frac{1}{n} - \frac{1}{n+2}\right)$$

$$= 1 + \frac{1}{2} - \frac{1}{n+1} - \frac{1}{n+2} = \frac{3n^2 + 5n}{2(n+1)(n+2)}$$

이다.

부분분수
$$\frac{1}{AB} = \frac{1}{B-A}\left(\frac{1}{A} - \frac{1}{B}\right)$$
(단, $A \neq B$, $A \neq 0$, $B \neq 0$)

◐ 수열의 극한

예제 3.1.1의 수열 $\{a_n\}_{n=1}^{\infty} = \left\{1, \frac{1}{2}, \frac{1}{3}, \frac{1}{4}, \cdots\right\}$을 보자. 이 수열의 그래프는 그림 3.1.1과 같고 여기서 n이 점점 커질 때 a_n이 0에 가까이 간다는 것을 확인할 수 있다.

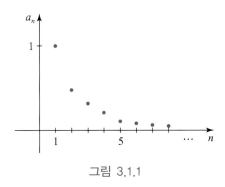

그림 3.1.1

수열의 항의 번호 또는 순서를 나타내는 n이 한없이 커질 때, 즉 n이 무한대로 접근한다는 의미를

$$n \to \infty$$

으로 표시한다. $n \to \infty$일 때 a_n이 유한인 값 L에 가까워지는 것을

"a_n이 L에 수렴한다."

고 하며 기호로

$$\lim_{n \to \infty} a_n = L$$

으로 나타낸다. 여기서 $\lim$는 극한, 한계를 의미하는 영어 단어 limit에서 유래하였다.

수렴하지 않는 경우 발산한다고 한다. 발산의 경우에는 일반항이 $a_n = n^2$인 수열과 같이 n이 커질 때 a_n도 한없이 커지는 경우

$$\lim_{n \to \infty} a_n = \infty$$

도 있고 수열 $\{b_n\}=\{1,-1,1,-1,\cdots\}$ 처럼 진동하는 것도 있다.

수열 극한의 직관적 정의와 수학적 정의를 살펴보자.

정의 3.1.4 **수열의 극한**

(1) n이 커짐에 따라 수열 $\{a_n\}$의 항들이 L로 가까이 갈 때 **수렴**(converge)한다고 하고, 기호로

$$\lim_{n \to \infty} a_n = L$$

로 나타낸다.

(2) 극한이 존재하지 않는 경우 **발산**(diverge)한다고 한다.

정의 3.1.5 **수학적 수열의 극한**

임의의 $\varepsilon > 0$에 대하여 적당한 $N \in \mathbb{N}$이 존재하여, $n \geq N$인 모든 양의 정수 n에 대하여 $|a_n - L| < \varepsilon$을 만족하면 수열 $\{a_n\}$은 L로 **수렴**한다고 한다. 기호로

$$\lim_{n \to \infty} a_n = L$$

로 나타낸다.

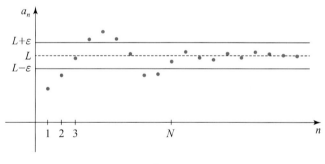

그림 3.1.2

수학적 수열 극한의 정의를 이용하여 다음을 보이자.

예제 3.1.9 **수열 극한의 정의를 이용하여 수렴성 보이기** ─────

$\lim\limits_{n \to \infty} \dfrac{1}{n} = 0$을 보여라.

임의의 $\varepsilon > 0$에 대하여 N을 $N > \dfrac{1}{\varepsilon}$로 두면 $n \geq N$인 모든 양의 정수 n에 대하여 $\left| \dfrac{1}{n} - 0 \right| = \dfrac{1}{n} \leq \dfrac{1}{N} < \varepsilon$을 만족하므로 수열 극한의 정의에 의하여 $\displaystyle\lim_{n \to \infty} \dfrac{1}{n} = 0$이다.

정리 3.1.6 ● **수열 극한의 성질**

수열 $\{a_n\}$과 $\{b_n\}$이 모두 수렴할 때 다음을 만족한다. c는 임의의 상수이다.

(1) $\displaystyle\lim_{n \to \infty} c = c$
(2) $\displaystyle\lim_{n \to \infty} c a_n = c \lim_{n \to \infty} a_n$

(3) $\displaystyle\lim_{n \to \infty} (a_n \pm b_n) = \lim_{n \to \infty} a_n \pm \lim_{n \to \infty} b_n$
(4) $\displaystyle\lim_{n \to \infty} (a_n b_n) = \left(\lim_{n \to \infty} a_n \right) \left(\lim_{n \to \infty} b_n \right)$

(5) $\displaystyle\lim_{n \to \infty} \dfrac{a_n}{b_n} = \dfrac{\displaystyle\lim_{n \to \infty} a_n}{\displaystyle\lim_{n \to \infty} b_n}$ $\left(단, \displaystyle\lim_{n \to \infty} b_n \neq 0 \right)$

수열 극한의 성질을 이용하여 극한을 구해보자.

예제 3.1.10 **분모의 최고차항으로 나누기** —————————————

다음 수열의 극한을 구하여라.

(a) $\displaystyle\lim_{n \to \infty} \dfrac{4n + 3}{2n - 5}$

(b) $\displaystyle\lim_{n \to \infty} \dfrac{n + 1}{3n^2}$

(a) 분모와 분자를 n으로 나누고 수열 극한의 성질을 이용하면

$$\lim_{n \to \infty} \frac{4n + 3}{2n - 5} = \lim_{n \to \infty} \frac{4 + \dfrac{3}{n}}{2 - \dfrac{5}{n}} = \frac{4}{2} = 2$$

이다.

(b) 분모와 분자를 n^2으로 나누고 수열 극한의 성질을 이용하면

$$\lim_{n \to \infty} \frac{n+1}{3n^2} = \lim_{n \to \infty} \frac{\dfrac{1}{n} + \dfrac{1}{n^2}}{3} = \frac{0}{\lim_{n \to \infty} 3} = 0$$

이다.

수열 극한에 대한 다른 성질을 살펴보자.

정리 3.1.7   **수열 극한에 대한 조임정리**

수열 $\{a_n\}, \{b_n\}, \{c_n\}$ 이 적당한 $n_0 \in \mathbb{N}$ 에 대하여 $n > n_0$ 일 때 $a_n \leq b_n \leq c_n$ 이고, 다음을 만족한다고 하자.

$$\lim_{n \to \infty} a_n = \lim_{n \to \infty} c_n = L$$

그러면 $\lim_{n \to \infty} b_n = L$ 이다.

주▶ 조임정리는 샌드위치정리(sandwich theorem), 압착정리(壓搾定理), 스퀴즈정리(squeeze theorem)로 도 불린다.

예제 3.1.11   **조임정리 이용하여 극한 구하기**

$\lim_{n \to \infty} \dfrac{\cos n}{n^2}$ 을 구하여라.

풀이

모든 n 에 대하여 $-1 \leq \cos n \leq 1$ 이고 양변을 n^2 으로 나누면

$$-\frac{1}{n^2} \leq \frac{\cos n}{n^2} \leq \frac{1}{n^2}$$

이다. 이때

$$\lim_{n \to \infty} \frac{1}{n^2} = \lim_{n \to \infty} \left(-\frac{1}{n^2} \right) = 0$$

이므로 조임정리에 의하여

$$\lim_{n \to \infty} \frac{\cos n}{n^2} = 0$$

이다.

수열 극한에 대한 조임정리로부터 다음 정리를 얻는다.

정리 3.1.8 • **조임정리의 따름 정리**

수열 $\{a_n\}$에 대하여 $\displaystyle\lim_{n\to\infty}|a_n|=0$이면 $\displaystyle\lim_{n\to\infty}a_n=0$이다.

증명

$a_n\in\mathbb{R}$이므로 $-|a_n|\leq a_n \leq |a_n|$이다. 조임정리에 의하여 $\displaystyle\lim_{n\to\infty}a_n=0$이다. ∎

예제 3.1.12 **조임정리 이용하여 극한 보이기**

$\displaystyle\lim_{n\to\infty}\frac{(-1)^n}{n}$을 구하여라.

풀이

수열 $\left\{\dfrac{(-1)^n}{n}\right\}$의 극한은 직접 구할 수 없지만 조임정리의 따름 정리를 이용하여 극한을 구할 수 있다.

$$\lim_{n\to\infty}\left|\frac{(-1)^n}{n}\right|=\lim_{n\to\infty}\frac{1}{n}=0$$

이므로 정리 3.1.8에 의하여

$$\lim_{n\to\infty}\frac{(-1)^n}{n}=0$$

이다.

단조수렴정리를 이용하여 극한의 수렴성을 알 수 있다.

정의 3.1.9 • **단조수열**

수열 $\{a_n\}$에 대하여

(1) $a_n \leq a_{n+1}$이면 **증가수열**, $a_n < a_{n+1}$이면 **순증가수열**이라고 한다.

(2) $a_n \geq a_{n+1}$이면 **감소수열**, $a_n > a_{n+1}$이면 **순감소수열**이라고 한다.

(3) (순)증가수열, (순)감소수열을 **단조수열**이라고 한다.

정의 3.1.10 ● 유계수열

(1) 모든 n에 대하여 $a_n \leq M$을 만족하는 실수 M이 존재하는 경우 수열 $\{a_n\}$을 **위로 유계**(bounded above)라고 한다.

(2) 모든 n에 대하여 $M \leq a_n$을 만족하는 실수 M이 존재하는 경우 수열 $\{a_n\}$을 **아래로 유계**(bounded below)라고 한다.

(3) 모든 n에 대하여 $|a_n| \leq M$을 만족하는 양수 M이 존재하는 경우 수열 $\{a_n\}$을 **유계수열**(bounded sequence)이라고 한다.

정리 3.1.11 ● 단조수렴정리

아래로 유계인 감소수열과 위로 유계인 증가수열은 수렴한다.

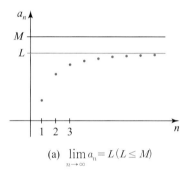

(a) $\lim\limits_{n \to \infty} a_n = L \, (L \leq M)$ (b) $\lim\limits_{n \to \infty} a_n = L \, (L \geq M)$

그림 3.1.3

예제 3.1.13   단조수렴정리 이용하여 극한 보이기

단조수렴정리를 이용하여 수열 $\left\{ \dfrac{n}{n+1} \right\}_{n=1}^{\infty}$ 이 수렴함을 보여라.

풀이

$a_n = \dfrac{n}{n+1}$ 이라고 두면

$$\frac{a_n}{a_{n+1}} = \frac{\dfrac{n}{n+1}}{\dfrac{n+1}{n+2}} = \frac{n(n+1)}{(n+1)^2} = \frac{n^2+n}{n^2+2n+1} < 1$$

이므로 증가수열이다. 모든 n에 대하여 $a_n < 1$이므로 위로 유계이다. 그러므로 단조수렴정리에 의하여 수열 $\left\{ \dfrac{n}{n+1} \right\}_{n=1}^{\infty}$ 은 수렴한다.

1. 다음 수열의 일반항 a_n을 구하여라.

    (1) $\left\{ \dfrac{1}{2}, \dfrac{2}{3}, \dfrac{3}{4}, \dfrac{4}{5}, \cdots \right\}$
                  (2) $\left\{ -\dfrac{1}{5}, \dfrac{2}{5^2}, -\dfrac{3}{5^3}, \dfrac{4}{5^4}, \cdots \right\}$

2. $\displaystyle\sum_{k=1}^{n} \dfrac{1}{k(k+1)}$ 을 구하여라.

3. 수열 $\{r^n\}$이 수렴하는 r 값의 범위를 구하여라.

4. 다음 수열의 수렴, 발산을 조사하여라.

    (1) $a_n = \dfrac{n^2+1}{n+1}$
                  (2) $a_n = \dfrac{4n^2+3}{3n^2-1}$

    (3) $a_n = \dfrac{n+2}{n^2+1}$
                  (4) $a_n = \cos(n\pi)$

    (5) $a_n = \dfrac{e^n}{3^n}$
                  (6) $a_n = \sqrt{n^2+1} - \sqrt{n^2-1}$

    (7) $a_n = \dfrac{n!}{n^n}$
                  (8) $a_n = \dfrac{4^n}{5^n-3^n}$

5. 수열 a_n이 $a_1 = \sqrt{2}$이고 $a_{n+1} = \sqrt{2+a_n}$일 때 단조수렴정리를 이용하여 $\displaystyle\lim_{n\to\infty} a_n$이 존재함을 보이고 극한을 구하여라.

6. 다음 물음에 답하여라.

    (1) 백만 원을 연이율이 5%인 연복리 예금 상품에 가입하면 n년 뒤의 원리합계를 구하여라. (원리합계는 원금과 이자의 합이다.)

    (2) (1)에서 구한 원리합계에 대한 수열의 수렴성을 조사하여라.

☞ 3.2　무한급수

○ 무한급수

지금까지 합이라는 용어는 유한개의 항의 덧셈으로 인식하여 왔지만 이제 무한개의 항의 합이라는 개념에 대하여 생각해보자.

정의 3.2.1 **무한급수, 부분합**

(1) 수열 $\{a_n\}$의 무한개의 항들의 합 $a_1 + a_2 + a_3 + \cdots + a_n + \cdots$ 을 **무한급수**(또는 간단히 **급수**)라고 하고 $\displaystyle\sum_{n=1}^{\infty} a_n$ 으로 나타낸다.

(2) 급수 $\displaystyle\sum_{n=1}^{\infty} a_n$ 에서 n번째 항까지의 합을 이 급수의 **제 n항까지의 부분합**이라고 하고 S_n 으로 나타낸다. 즉 $S_n = a_1 + a_2 + \cdots + a_n = \displaystyle\sum_{k=1}^{n} a_k$ 이다.

정의 3.2.1에 의하여 무한급수 $\displaystyle\sum_{n=1}^{\infty} a_n = \lim_{n \to \infty} \sum_{k=1}^{n} a_k = \lim_{n \to \infty} S_n$ 이 성립하므로 부분합으로 이루어진 수열 $\{S_n\}$이 일정한 값 S로 수렴할 때 급수는 S에 **수렴한다**고 하고, 이때 S를 **급수의 합**이라고 한다. 한편 부분합 수열 $\{S_n\}$이 발산할 때 급수는 **발산한다**고 한다.

급수의 수렴성 판정

급수 $\displaystyle\sum_{n=1}^{\infty} a_n$ 의 수렴, 발산을 판별하기 위하여 아래의 단계를 따른다.

(1) 먼저 급수의 부분합 $S_n = \displaystyle\sum_{k=1}^{n} a_k$ 을 구한다.

(2) 부분합 수열 $\{S_n\}$의 수렴, 발산을 조사한다.

　　즉, $\displaystyle\lim_{n \to \infty} S_n = S$이면 수열 $\{S_n\}$는 수렴하고 $\displaystyle\lim_{n \to \infty} S_n$ 가 존재하지 않으면 급수는 발산한다.

예제 3.2.1 **급수의 수렴, 발산** ───────────────

다음 급수의 수렴 또는 발산을 판정하여라.

(a) $\displaystyle\sum_{n=1}^{\infty} \left(-\frac{1}{3}\right)^n$　　　　(b) $\displaystyle\sum_{n=1}^{\infty} \frac{2}{n(n+2)}$　　　　(c) $\displaystyle\sum_{n=1}^{\infty} \left(\sqrt{2n+1} - \sqrt{2n-1}\right)$

풀이

(a) 부분합 $S_n = \sum\limits_{k=1}^{n} \left(-\dfrac{1}{3}\right)^k$ 은 첫째항이 $-\dfrac{1}{3}$ 이고 공비가 $-\dfrac{1}{3}$ 인 등비수열의 합이므

로 $S_n = \dfrac{-\dfrac{1}{3}\left(1-\left(-\dfrac{1}{3}\right)^n\right)}{1+\dfrac{1}{3}} = -\dfrac{1}{4}\left(1-\left(-\dfrac{1}{3}\right)^n\right)$ 이다.

그러므로 $\lim\limits_{n\to\infty} S_n = -\dfrac{1}{4}$ 이므로 급수 $\sum\limits_{n-1}^{\infty}\left(-\dfrac{1}{3}\right)^n$ 는 $-\dfrac{1}{4}$ 로 수렴한다.

(b) 부분분수의 성질에 의하여 $\dfrac{2}{n(n+2)} = \dfrac{1}{n} - \dfrac{1}{n+2}$ 가 성립한다. 그러므로 부분합

$$S_n = \sum_{k=1}^{n} \frac{2}{k(k+2)} = \sum_{k=1}^{n}\left(\frac{1}{k} - \frac{1}{k+2}\right) = 1 + \frac{1}{2} - \frac{1}{n+1} - \frac{1}{n+2}$$

이고 부분합의 극한 $\lim\limits_{n\to\infty} S_n = \dfrac{3}{2}$ 이다.

그러므로 급수 $\sum\limits_{n=1}^{\infty}\dfrac{2}{n(n+2)}$ 는 $\dfrac{3}{2}$ 로 수렴한다.

(c) 부분합 $S_n = \sum\limits_{k=1}^{n}\left(\sqrt{2k+1} - \sqrt{2k-1}\right) = \sqrt{2n+1} - 1$ 이므로 수열 $\{S_n\}$ 는 무한대로 발산한다.

그러므로 급수 $\sum\limits_{n=1}^{\infty}\left(\sqrt{2n+1} - \sqrt{2n-1}\right)$ 은 발산한다.

정리 3.2.2 급수의 성질

두 급수 $\sum\limits_{n=1}^{\infty} a_n$, $\sum\limits_{n=1}^{\infty} b_n$ 이 각각 수렴하면 다음이 성립한다.

(1) $\sum\limits_{n=1}^{\infty} ka_n = k\sum\limits_{n=1}^{\infty} a_n$ (단, k는 상수)

(2) $\sum\limits_{n=1}^{\infty} (a_n \pm b_n) = \sum\limits_{n=1}^{\infty} a_n \pm \sum\limits_{n=1}^{\infty} b_n$

⊛ 수렴하는 두 급수의 곱과 몫에 대한 수렴성은 보장할 수 없다. 즉,

$$\sum_{n=1}^{\infty} a_n b_n \neq \left(\sum_{n=1}^{\infty} a_n\right)\left(\sum_{n=1}^{\infty} b_n\right) \text{이고} \quad \sum_{n=1}^{\infty} \frac{a_n}{b_n} \neq \frac{\sum\limits_{n=1}^{\infty} a_n}{\sum\limits_{n=1}^{\infty} b_n}$$

이다.

기하급수

실수 a와 r에 대하여 $\displaystyle\sum_{n=1}^{\infty} ar^{n-1}$ 형태의 급수를 **기하급수** 또는 **(무한)등비급수**라고 한다. 예제 3.2.1(a)의 급수 $\displaystyle\sum_{n=1}^{\infty}\left(-\frac{1}{3}\right)^n$ 은 기하급수이다. 기하급수의 수렴, 발산은 급수의 부분합인 등비수열의 합에서 공비인 실수 r에 의해 결정된다.

정리 3.2.3 ◀ **기하급수 판정법**

기하급수 $\displaystyle\sum_{n=1}^{\infty} ar^{n-1}$ 에 대하여 다음이 성립한다.

(1) $|r| < 1$이면 급수는 $\dfrac{a}{1-r}$ 로 수렴한다.

(2) $|r| \geq 1$이면 급수는 발산한다.

예제 3.2.2 **기하급수의 수렴, 발산 판정** ───────────────

다음 급수의 수렴 또는 발산을 판정하여라.

(a) $\displaystyle\sum_{n=1}^{\infty} 2\left(\frac{1}{5}\right)^{n-1}$

(b) $\displaystyle\sum_{n=1}^{\infty} (-\sqrt{3})^n$

(c) $\displaystyle\sum_{n=1}^{\infty} 3(1-\sqrt{2})^{n-1}$

풀이

(a) $\left|\dfrac{1}{5}\right| < 1$이므로 기하급수 $\displaystyle\sum_{n=1}^{\infty} 2\left(\frac{1}{5}\right)^{n-1}$ 는 기하급수 판정법에 의하여 $\dfrac{2}{1-\frac{1}{5}} = \dfrac{5}{2}$ 로 수렴한다.

(b) $|-\sqrt{3}| \geq 1$이므로 기하급수 $\displaystyle\sum_{n=1}^{\infty} (-\sqrt{3})^n$는 발산한다.

(c) $|1-\sqrt{2}| < 1$이므로 급수 $\displaystyle\sum_{n=1}^{\infty} 3(1-\sqrt{2})^{n-1}$는 $\dfrac{3}{1-(1-\sqrt{2})} = \dfrac{3\sqrt{2}}{2}$ 로 수렴한다.

○ 급수와 일반항과의 관계

급수 $\displaystyle\sum_{n=1}^{\infty} a_n$이 S에 수렴하면 $\displaystyle\lim_{n\to\infty} S_n = \lim_{n\to\infty} S_{n-1} = S$이다. 일반항과 부분합과의 관계를 이용하면 수열 $\{a_n\}$의 극한은

$$\lim_{n\to\infty} a_n = \lim_{n\to\infty}(S_n - S_{n-1}) = \lim_{n\to\infty} S_n - \lim_{n\to\infty} S_{n-1} = S - S = 0$$

이다. 이를 이용하여 급수의 수렴, 발산을 판별할 수 있다.

정리 3.2.4 ◀ **발산에 관한 일반항 판정법**

(1) 급수 $\displaystyle\sum_{n=1}^{\infty} a_n$이 수렴하면 $\displaystyle\lim_{n\to\infty} a_n = 0$이다.

(2) $\displaystyle\lim_{n\to\infty} a_n \neq 0$이면 급수 $\displaystyle\sum_{n=1}^{\infty} a_n$은 발산한다.

정리 3.2.4의 (2)는 (1)의 대우명제이다. (1)의 역은 일반적으로 성립하지 않는다. 예를 들어 조화급수 $\displaystyle\sum_{n=1}^{\infty} \frac{1}{n}$에서 $\displaystyle\lim_{n\to\infty} \frac{1}{n} = 0$이다.

$$\sum_{n=1}^{\infty} \frac{1}{n} = 1 + \frac{1}{2} + \frac{1}{3} + \frac{1}{4} + \frac{1}{5} + \frac{1}{6} + \frac{1}{7} + \frac{1}{8} + \cdots$$

$$> 1 + \frac{1}{2} + \left(\frac{1}{4} + \frac{1}{4}\right) + \left(\frac{1}{8} + \frac{1}{8} + \frac{1}{8} + \frac{1}{8}\right) + \cdots$$

$$= 1 + \frac{1}{2} + \frac{1}{2} + \frac{1}{2} + \cdots = \infty$$

이므로 급수는 발산한다.

그러므로 $\displaystyle\lim_{n\to\infty} a_n = 0$일 때 급수 $\displaystyle\sum_{n=1}^{\infty} a_n$이 반드시 수렴한다고 할 수 없다.

예제 3.2.3 **급수의 발산 판정** ────────────────────

다음 급수의 수렴 또는 발산을 판정하여라.

(a) $\displaystyle\sum_{n=1}^{\infty} \frac{n}{n+1}$
　　　　　　(b) $\displaystyle\sum_{n=1}^{\infty} \frac{2^n - 3^{n+1}}{2^{n+1} + 3^n}$
　　　　　　(c) $\displaystyle\sum_{n=1}^{\infty} \left[1 - \left(\frac{\sqrt{5}}{3}\right)^n\right]$

풀이

(a) $a_n = \dfrac{n}{n+1}$ 이라고 두자. 그러면

$$\lim_{n \to \infty} a_n = \lim_{n \to \infty} \frac{n}{n+1} = \lim_{n \to \infty} \frac{1}{1+\dfrac{1}{n}} = 1 \neq 0$$

이므로 발산에 관한 일반항 판정법에 의하여 급수는 발산한다.

(b) $\displaystyle\lim_{n \to \infty} \frac{2^n - 3^{n+1}}{2^{n+1} + 3^n} = \lim_{n \to \infty} \frac{\left(\dfrac{2}{3}\right)^n - 3}{2\left(\dfrac{2}{3}\right)^n + 1} = -3 \neq 0$ 이므로 급수는 발산한다.

(c) $\displaystyle\lim_{n \to \infty} \left[1 - \left(\frac{\sqrt{5}}{3}\right)^n \right] = 1 \neq 0$ 이므로 급수 $\displaystyle\sum_{n=1}^{\infty} \left[1 - \left(\frac{\sqrt{5}}{3}\right)^n \right]$ 는 발산한다.

이 절에서 급수의 수렴, 발산 판정법으로 기하급수 판정법과 발산에 관한 일반항 판정법에 대하여 다루었다. 이러한 판정법 외에 급수의 수렴 또는 발산을 판정하는 다양한 판정법이 있는데 이것은 미분적분학에서 자세히 배우게 될 것이다.

1. 다음 급수의 수렴, 발산을 조사하고 수렴하면 그 합을 구하여라.

(1) $\displaystyle\sum_{n=1}^{\infty} \frac{n}{n+1}$

(2) $\displaystyle\sum_{n=1}^{\infty} \frac{1}{(3n-1)(3n+2)}$

(3) $\displaystyle\sum_{n=1}^{\infty} \frac{1}{\sqrt{n}+\sqrt{n+2}}$

(4) $\displaystyle\sum_{n=1}^{\infty} \left(1-\frac{1}{2^n}\right)$

(5) $\displaystyle\sum_{n=3}^{\infty} \ln\frac{n-1}{n-2}$

(6) $\displaystyle\sum_{n=1}^{\infty} \frac{n^3}{3n^3+2n^2}$

2. 급수 $\displaystyle\sum_{n=1}^{\infty}(a_n-2)$가 수렴할 때 $\displaystyle\lim_{n\to\infty}a_n$의 값을 구하여라.

3. 다음 기하급수의 수렴, 발산을 조사하고 수렴하면 그 합을 구하여라.

(1) $\sin\dfrac{\pi}{4}+\sin^2\dfrac{\pi}{4}+\sin^3\dfrac{\pi}{4}+\cdots$

(2) $2+\sqrt{2}+1+\dfrac{1}{\sqrt{2}}+\cdots$

(3) $1-\dfrac{3}{2}+\dfrac{9}{4}-\dfrac{27}{8}+\cdots$

(4) $1+(\sqrt{5}-2)+(\sqrt{5}-2)^2+(\sqrt{5}-2)^3+\cdots$

4. 급수 $\displaystyle\sum_{n=1}^{\infty}\left[\left(\frac{1}{2}\right)^{n-1}-5\left(\frac{1}{3}\right)^{n-1}\right]$의 합을 구하여라.

5. 순환소수 $0.515151\cdots$을 기하급수로 나타내고 이 기하급수를 분수로 나타내어라.

6. $100\,\text{cm}$ 높이에서 떨어진 공이 바닥을 차고 위로 튀어 올라오는 운동을 계속 반복한다. 이 공이 바닥을 칠 때마다 먼저 올라간 높이의 $\dfrac{1}{2}$ 까지 올라올 때 공이 움직이는 총 거리를 구하여라.

7. 다음 그림과 같이 한 변의 길이가 a인 정사각형에 내접하는 부채꼴을 그리고, 다시 이 부채꼴에 내접하는 정사각형을 그린다. 이 과정을 한없이 계속할 때 색칠한 부분의 넓이의 합을 구하여라.

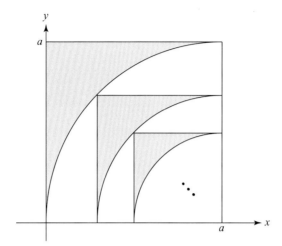

👓 3.3 함수의 극한

◐ 함수 극한의 직관적 정의

우선적으로 함수 극한의 직관적 의미를 살펴보자.

함수 $f(x) = \dfrac{x^2 + x - 2}{x - 1}$ 의 그래프를 생각해보자. f는 $x = 1$에서 정의되지 않는 함수이고 $x = 1$ 주변의 점에서 정의되는 함숫값이 아래 표와 같으므로 함수 f의 그래프는 그림 3.3.1과 같다.

x	$f(x)$
0.9	2.9
0.99	2.99
0.999	2.999
0.9999	2.9999
0.99999	2.99999
$\vdots$	$\vdots$

(a)

x	$f(x)$
1.1	3.1
1.01	3.01
1.001	3.001
1.0001	3.0001
1.00001	3.00001
$\vdots$	$\vdots$

(b)

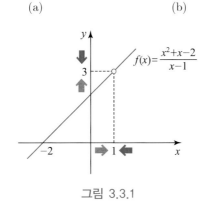

그림 3.3.1

위 표 (a)와 같이 x가 1 왼쪽에서 1로 접근할 때 함숫값이 3에 가까워지는 경우 "f의 $x = 1$에서 **좌극한**은 3"이라고 하며, 기호로

$$\lim_{x \to 1^-} f(x) = 3$$

로 나타낸다.

마찬가지로 표 (b)와 같이 x가 1 오른쪽에서 1로 접근할 때 함숫값이 3에 가까워지는 경우 "f의 $x = 1$에서 **우극한**은 3"이라고 하며, 기호로

$$\lim_{x \to 1^+} f(x) = 3$$

로 나타낸다. 이때 좌극한이나 우극한을 **한쪽 극한**이라고 한다.

좌극한과 우극한이 같은 경우 "f의 $x=1$에서 **극한**은 3"이라고 하며, 기호로

$$\lim_{x \to 1} f(x) = 3$$

로 나타낸다.

f의 $x=1$에서의 극한은 x가 1로 접근할 때의 함숫값들의 극한이다. x가 1로 접근할 뿐 $x=1$을 의미하는 것은 아니므로 f의 분자, 분모에서 $(x-1)$을 소거할 수 있고 이때 얻은 식 $x+2$에 $x=1$을 대입하여 극한을 구한다. 즉,

$$\lim_{x \to 1} \frac{x^2 + x - 2}{x - 1} = \lim_{x \to 1}(x+2) = 3$$

와 같이 구한다.

정의 3.3.1 ◆ **함수 극한의 직관적 의미**

(1) x가 a로 가까이 갈 때 함숫값 $f(x)$가 L(유한인 값)로 가까이 가면 f의 **극한**은 L이라고 하며, 기호로

$$\lim_{x \to a} f(x) = L$$

로 쓴다.

(2) $\lim_{x \to a^-} f(x) = \lim_{x \to a^+} f(x) = L \Leftrightarrow \lim_{x \to a} f(x) = L$

○ 함수 극한의 수학적 정의

앞에서 설명한 직관적 의미의 함수 극한의 개념에서 가깝다는 표현을 수학적으로 나타내기 위하여 두 점 사이의 거리를 의미하는 $|x-a|$, $|f(x) - L|$와 아주 작은 양수를 나타낼 때 주로 사용하는 기호 ε(epsilon), δ(delta)를 이용하여 다음과 같은 엄밀한 극한의 수학적 정의를 얻을 수 있다.

정의 3.3.2 ● **함수 극한에 대한 수학적 정의**

함수 f는 a를 포함한 열린구간에서 정의되어 있다고 하자. (a는 제외되어도 좋다)

임의의 $\varepsilon > 0$에 대하여 이에 대응하는 적당한 $\delta > 0$가 존재하여 $0 < |x - a| < \delta$일 때 $|f(x) - L| < \varepsilon$이 성립하면 $x = a$에서 $f(x)$의 **극한**은 L이라고 한다. 기호로

$$\lim_{x \to a} f(x) = L$$

로 나타낸다.

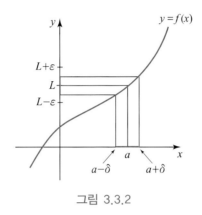

그림 3.3.2

극한의 수학적 정의를 이용하여 다음 극한을 구해보자.

예제 3.3.1 **극한의 정의를 이용하여 극한 보이기** ─────────

극한의 정의를 이용하여 다음을 보여라.

$$\lim_{x \to 2} (2x - 5) = -1$$

풀이

임의의 $\varepsilon > 0$에 대하여 $\delta = \dfrac{\varepsilon}{2}$로 두자. 그러면 $0 < |x - 2| < \delta$일 때

$$|(2x - 5) - (-1)| = |2x - 4| < 2|x - 2| < 2\delta = \varepsilon$$

을 만족하므로 $\lim_{x \to 2} (2x - 5) = -1$이다.

○ 극한이 존재하지 않는 경우

최대정수함수(floor function, 바닥함수)
$\lfloor x \rfloor$는 x를 넘지 않는 최대 정수를 의미한다. 예를 들어 $\lfloor 3.14 \rfloor = 3$이다. $y = \lfloor x \rfloor$를 **최대정수함수**(혹은 **바닥함수**)라고 한다.

함수 $y = \lfloor x \rfloor$는 $x \to a \; (a \in \mathbb{Z})$일 때 극한이 존재하지 않는다.

예제 3.3.2   최대정수함수의 극한

다음 극한을 구하여라.

(1) $\displaystyle\lim_{x \to 0} \lfloor x \rfloor$ (2) $\displaystyle\lim_{x \to 1.2} \lfloor x \rfloor$

풀이

그림 3.3.3은 함수 $y = \lfloor x \rfloor$의 그래프이다.

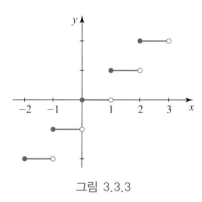

그림 3.3.3

(1) $\displaystyle\lim_{x \to 0^-} \lfloor x \rfloor = -1$이고 $\displaystyle\lim_{x \to 0^+} \lfloor x \rfloor = 0$이므로 $\displaystyle\lim_{x \to 0} \lfloor x \rfloor$는 존재하지 않는다.

(2) $\displaystyle\lim_{x \to 1.2^-} \lfloor x \rfloor = 1$이고 $\displaystyle\lim_{x \to 1.2^+} \lfloor x \rfloor = 1$이므로 $\displaystyle\lim_{x \to 1.2} \lfloor x \rfloor = 1$이다.

예제 3.3.3   무한대로 가는 경우

$\displaystyle\lim_{x \to 0} \frac{1}{x}$을 구하여라.

풀이

$y = \dfrac{1}{x}$ 는 $x = 0$에서 정의되지 않는 함수이고 $x \to 0^+$일 때 y는 한없이 큰 값으로 가고 $x \to 0^-$일 때 한없이 작은 값으로 간다.

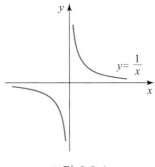

그림 3.3.4

따라서 $\displaystyle\lim_{x \to 0} \dfrac{1}{x}$ 는 존재하지 않는다.

예제 3.3.4 **진동하는 경우**

$\displaystyle\lim_{x \to 0} \sin \dfrac{1}{x}$ 을 구하여라.

풀이

$y = \sin \dfrac{1}{x}$ 의 그래프를 보자.

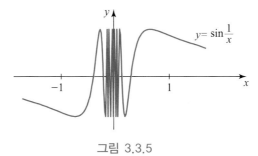

그림 3.3.5

$x = \dfrac{2}{(1+4n)\pi}$ 이면 $\dfrac{1}{x} = \dfrac{\pi}{2} + 2n\pi$ 이므로 $f(x) = \sin \dfrac{1}{x} = 1$ 이다.

$x = \dfrac{2}{(-1+4n)\pi}$ 이면 $\dfrac{1}{x} = -\dfrac{\pi}{2} + 2n\pi$ 이므로 $f(x) = \sin \dfrac{1}{x} = -1$ 이다.

x	$\cdots$	$\dfrac{-2}{\pi}$	$\dfrac{-2}{3\pi}$	$\dfrac{-2}{5\pi}$	$\dfrac{-2}{7\pi}$	$\dfrac{-2}{9\pi}$	$\rightarrow$	0	$\leftarrow$	$\dfrac{2}{9\pi}$	$\dfrac{2}{7\pi}$	$\dfrac{2}{5\pi}$	$\dfrac{2}{3\pi}$	$\dfrac{2}{\pi}$	$\cdots$
$\sin\dfrac{1}{x}$	$\cdots$	-1	1	-1	1	-1	$\cdots$		$\cdots$	1	-1	1	-1	1	$\cdots$

x가 0 가까이 갈 때 함숫값이 1과 -1을 반복하므로 극한이 존재하지 않는다. 이러한 경우를 **진동**한다고 한다.

극한이 존재하지 않는 경우

(1) 좌극한과 우극한이 다른 경우
(2) 양의 무한대나 음의 무한대로 가는 경우
(3) 진동하는 경우

○ 극한의 성질

$x = a$에서의 $f(x)$의 함숫값 $f(a)$가 정의되지 않는 경우에도 $x = a$에서의 $f(x)$의 극한은 존재한다. $x = a$에서 $f(x)$가 연속인 경우,

$$\lim_{x \to a} f(x) = f(a)$$

이다. 즉, $f(x)$에 $x = a$를 직접 대입하여 극한을 구할 수 있다. 다항함수, 지수함수, 삼각함수, 로그함수 등에 적용할 수 있다. 이는 연속에서 자세히 살펴보자.

정리 3.3.3 ● 기본 정리

(1) $\displaystyle\lim_{x \to a} c = c$ (c는 상수)
(2) $\displaystyle\lim_{x \to a} x = a$
(3) $\displaystyle\lim_{x \to a} x^n = a^n$ (n은 양의 정수)
(4) $\displaystyle\lim_{x \to a} \sqrt[n]{x} = \sqrt[n]{a}$ (단, n이 짝수이면 $a > 0$이라 가정)

정리 3.3.4 ◆ 극한의 성질

두 함수 f와 g가 점 $x=a$에서 극한이 존재한다고 하자. 그러면 다음의 성질을 만족한다. 여기서 n은 양의 정수이다.

(1) $\lim\limits_{x \to a} \{f(x) \pm g(x)\} = \lim\limits_{x \to a} f(x) \pm \lim\limits_{x \to a} g(x)$

(2) $\lim\limits_{x \to a} cf(x) = c \lim\limits_{x \to a} f(x)$

(3) $\lim\limits_{x \to a} \{f(x)g(x)\} = \lim\limits_{x \to a} f(x) \lim\limits_{x \to a} g(x)$

(4) $\lim\limits_{x \to a} \dfrac{f(x)}{g(x)} = \dfrac{\lim\limits_{x \to a} f(x)}{\lim\limits_{x \to a} g(x)}$ (단, $\lim\limits_{x \to a} g(x) \neq 0$)

(5) $\lim\limits_{x \to a} f(x)^n = \left\{\lim\limits_{x \to a} f(x)\right\}^n$

(6) $\lim\limits_{x \to a} \sqrt[n]{f(x)} = \sqrt[n]{\lim\limits_{x \to a} f(x)}$ (단, n이 짝수이면 $\lim\limits_{x \to a} f(x) > 0$이라 가정)

주 위 정리는 한쪽 극한에 대해서도 성립한다.

함수 극한에 대한 기본 정리와 극한의 성질을 이용하여 다음 함수에 대한 극한을 구해보자.

예제 3.3.5 극한 구하기 ─────────────────────────

다음 극한을 구하여라.

(a) $\lim\limits_{x \to 1} (x^3 + 2x^2 + 3x - 1)$ (b) $\lim\limits_{x \to -1} \dfrac{2x^2 - 5}{4x + 3}$

풀이

(a) $\lim\limits_{x \to 1} (x^3 + 2x^2 + 3x - 1) = \lim\limits_{x \to 1} x^3 + 2\lim\limits_{x \to 1} x^2 + 3\lim\limits_{x \to 1} x + \lim\limits_{x \to 1} (-1)$

$$= 1^3 + 2(1)^2 + 3(1) - 1 = 5$$

(b) $\lim\limits_{x \to -1} \dfrac{2x^2 - 5}{4x + 3} = \dfrac{2\lim\limits_{x \to -1} x^2 + \lim\limits_{x \to -1}(-5)}{4\lim\limits_{x \to -1} x + \lim\limits_{x \to -1} 3}$

$$= \dfrac{2(-1)^2 - 5}{4(-1) + 3} = 3$$

유리함수의 경우 분모의 극한이 0으로 가는 경우에는 앞에서 설명한 극한의 성질을 이용하여 극한을 구할 수 없다. 이러한 경우 다음 예제와 같은 방법을 이용하여 극한을 구할 수 있다.

유리함수의 분모가 0인 경우 앞에서 설명한 예처럼 인수분해를 이용하여 극한을 구한다.

예제 3.3.6 공통인수 소거

$\lim\limits_{x \to 2} \dfrac{x^2-4}{x-2}$ 을 구하여라.

풀이

$x \neq 2$이므로 분모, 분자의 공통인수 $(x-2)$를 소거할 수 있다.

$\lim\limits_{x \to 2} \dfrac{x^2-4}{x-2} = \lim\limits_{x \to 2} \dfrac{(x+2)(x-2)}{x-2} = \lim\limits_{x \to 2} (x+2) = 4$이다.

다음과 같은 경우 유리화를 이용하여 극한을 구한다.

예제 3.3.7 유리화

$\lim\limits_{x \to 0} \dfrac{\sqrt{x+2}-\sqrt{2}}{x}$ 을 구하여라.

풀이

주어진 함수의 분자를 유리화하면,

$$\frac{\sqrt{x+2}-\sqrt{2}}{x} = \frac{(\sqrt{x+2}-\sqrt{2})(\sqrt{x+2}+\sqrt{2})}{x(\sqrt{x+2}+\sqrt{2})}$$
$$= \frac{x}{x(\sqrt{x+2}+\sqrt{2})} = \frac{1}{\sqrt{x+2}+\sqrt{2}}$$

이므로 $\lim\limits_{x \to 0} \dfrac{\sqrt{x+2}-\sqrt{2}}{x} = \lim\limits_{x \to 0} \dfrac{1}{\sqrt{x+2}+\sqrt{2}} = \dfrac{1}{2\sqrt{2}}$ 이다.

극한에 대한 다른 성질을 살펴보자.

조임정리

(a를 제외한) a 근방의 모든 점에 대하여, $f(x) \leq g(x) \leq h(x)$이고, 다음이 성립한다고 하자.

$$\lim_{x \to a} f(x) = \lim_{x \to a} h(x) = L$$

그러면 $\lim_{x \to a} g(x) = L$이다.

예제 3.3.8   **조임정리 이용하여 극한 구하기** ────────────

$\lim_{x \to 0} x^2 \sin \dfrac{1}{x}$ 을 구하여라.

풀이

예제 3.3.4에서 $\lim_{x \to 0} \sin \dfrac{1}{x}$의 극한이 존재하지 않는다는 것을 확인하였다.

$$\lim_{x \to 0} x^2 \sin \frac{1}{x} \neq \left(\lim_{x \to 0} x^2\right)\left(\lim_{x \to 0} \sin \frac{1}{x}\right)$$

이므로 조임정리를 이용하여 주어진 함수에 대한 극한을 구해보자.

$g(x) = x^2 \sin \dfrac{1}{x}$라 두고 g보다 작은 함수 f와 g보다 큰 함수 h를 찾자.

$x \neq 0$인 모든 x에 대하여 $-1 \leq \sin \dfrac{1}{x} \leq 1$이고 이 부등식에 $x^2 > 0$을 곱하면 다음을 얻는다.

$$-x^2 \leq x^2 \sin \frac{1}{x} \leq x^2$$

$\lim_{x \to 0}(-x^2) = \lim_{x \to 0} x^2 = 0$이므로 조임정리에 의하여 $\lim_{x \to 0} x^2 \sin \dfrac{1}{x} = 0$이다.

예제 3.3.9   **조임정리 이용하여 극한 구하기** ────────────

$\lim_{x \to 0} \dfrac{\sin x}{x} = 1$임을 보여라.

풀이

$\lim_{x \to 0^+} \dfrac{\sin x}{x} = 1$이고 $\lim_{x \to 0^-} \dfrac{\sin x}{x} = 1$임을 보이자.

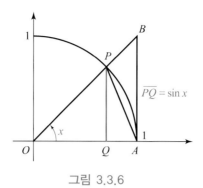

그림 3.3.6

먼저 $0 < x < \dfrac{\pi}{2}$ 라고 할 때 그림 3.3.6에서 부채꼴 OAP의 넓이는 삼각형 OAP의 넓이보다 크고 삼각형 OAB의 넓이보다 작다. 즉,

$$\text{삼각형 } OAP\text{의 넓이} < \text{부채꼴 } OAP\text{의 넓이} < \text{삼각형 } OAB\text{의 넓이}$$

이므로

$$\frac{1}{2}\sin x < \frac{1}{2}x < \frac{1}{2}\tan x$$

이다. 구간 $0 < x < \dfrac{\pi}{2}$ 에서 $\sin x > 0$이므로 이 부등식을 $\dfrac{1}{2}\sin x$ 로 나눈 뒤 역수를 취하면

$$1 > \frac{\sin x}{x} > \cos x$$

이고 $\displaystyle\lim_{x\to 0^+}\cos x = 1 = \lim_{x\to 0^+} 1$이므로 조임정리에 의하여 $\displaystyle\lim_{x\to 0^+}\frac{\sin x}{x} = 1$이다.
$x < 0$인 경우는 $x = -t\,(t>0)$로 두고 앞의 결과를 이용하면

$$\lim_{x\to 0^-}\frac{\sin x}{x} = \lim_{t\to 0^+}\frac{\sin(-t)}{-t} = \lim_{t\to 0^+}\frac{\sin t}{t} = 1$$

이다. 그러므로 $\displaystyle\lim_{x\to 0}\frac{\sin x}{x} = 1$이 성립한다.

○ 무한대의 극한

$\displaystyle\lim_{x\to 0}\frac{1}{x^2}$ 는 존재하지 않는다. x의 값이 0에 가까워질 때 $\dfrac{1}{x^2}$ 의 값이 유한인 값으로 가까이 가지 않고 한없이 큰 값으로 간다. 이러한 경우 다음과 같은 기호를 사용하여 나타낸다.

$$\lim_{x \to 0} \frac{1}{x^2} = \infty$$

∞가 실수를 나타내는 값이 아니므로 $x = 0$에서 $\dfrac{1}{x^2}$의 극한이 존재하는 것은 아니다.

마찬가지로 x가 a에 가까워질 때 $f(x)$의 값이 한없이 작아지는 경우

$$\lim_{x \to a} f(x) = -\infty$$

로 나타낸다.

수직 점근선

다음 중 하나를 만족할 때 $x = a$을 $y = f(x)$의 **수직 점근선**이라고 한다.

(1) $\displaystyle\lim_{x \to a} f(x) = \infty$ (2) $\displaystyle\lim_{x \to a^+} f(x) = \infty$ (3) $\displaystyle\lim_{x \to a^-} f(x) = \infty$

(4) $\displaystyle\lim_{x \to a} f(x) = -\infty$ (5) $\displaystyle\lim_{x \to a^+} f(x) = -\infty$ (6) $\displaystyle\lim_{x \to a^-} f(x) = -\infty$

◉ **무한대에서의 극한**

x의 값이 무한히 커질 때 $f(x)$의 값이 L에 가까워지는 경우

$$\lim_{x \to \infty} f(x) = L$$

로 나타낸다.

예제 3.3.10

$\displaystyle\lim_{x \to \infty} \frac{1}{x}$을 구하여라.

풀이

$\dfrac{1}{10} = 0.1$, $\dfrac{1}{100} = 0.01$, $\dfrac{1}{1000} = 0.001$, $\dfrac{1}{10000} = 0.0001$이다. 다시 말해서 x가 충분히 큰 경우에 $\dfrac{1}{x}$는 0에 가까운 값을 갖는다. 그러므로 $\displaystyle\lim_{x \to \infty} \frac{1}{x} = 0$이다.

유리함수에서 x가 무한대로 가는 경우 분자, 분모를 x^n(n은 분모의 최고 차수)로 나눈

뒤 극한의 성질을 이용하여 극한을 구한다.

예제 3.3.11 무한대에서의 극한 구하기 ───────────────

$$\lim_{x \to \infty} \frac{x^2 - 2x + 3}{3x^2 + x - 1} \text{ 을 구하여라.}$$

[풀이]

충분히 큰 x에 대하여 분모와 분자가 모두 무한대로 간다. $\frac{\infty}{\infty} \neq 1$이므로 주어진 함수식을 변형하여 극한을 구한다. 먼저 분모의 최고 차수의 거듭제곱으로 분모와 분자를 나눈다. 분모의 최고 차수가 2이므로 x^2으로 분모와 분자를 나누면

$$\lim_{x \to \infty} \frac{x^2 - 2x + 3}{3x^2 + x - 1} = \lim_{x \to \infty} \frac{1 - \dfrac{2}{x} + \dfrac{3}{x^2}}{3 + \dfrac{1}{x} - \dfrac{1}{x^2}}$$

이다. $\lim_{x \to \infty} \dfrac{1}{x} = 0$이고 $\lim_{x \to \infty} \dfrac{1}{x^2} = 0$이므로 $\lim_{x \to \infty} \dfrac{x^2 - 2x + 3}{3x^2 + x - 1} = \dfrac{1}{3}$이다.

다음과 같은 경우 유리화를 이용하여 극한을 구할 수 있다.

예제 3.3.12 무한대에서의 극한 구하기 ───────────────

$$\lim_{x \to \infty} (\sqrt{x^2 - 2} - x) \text{ 을 구하여라.}$$

[풀이]

충분히 큰 x에 대하여 $\sqrt{x^2 - 2}$와 x 모두 무한대로 간다. $\infty - \infty \neq 0$이므로 함수식을 변형하여 극한을 구한다. 주어진 함수의 분모와 분자에 $(\sqrt{x^2 - 2} + x)$를 곱한다. 그러면

$$
\begin{aligned}
\lim_{x \to \infty} (\sqrt{x^2 - 2} - x) &= \lim_{x \to \infty} (\sqrt{x^2 - 2} - x) \frac{\sqrt{x^2 - 2} + x}{\sqrt{x^2 - 2} + x} \\
&= \lim_{x \to \infty} \frac{-2}{\sqrt{x^2 - 2} + x} \\
&= \lim_{x \to \infty} \frac{-\dfrac{2}{x}}{\sqrt{1 - \dfrac{2}{x^2}} + 1} = 0
\end{aligned}
$$

이다.

수평 점근선

다음 중 하나를 만족할 때 $y = L$을 $y = f(x)$의 **수평 점근선**이라고 한다.

(1) $\displaystyle\lim_{x \to \infty} f(x) = L$ (2) $\displaystyle\lim_{x \to -\infty} f(x) = L$

1. 다음을 구하여라.

(1) $\lim_{x \to 1}(x^3 - 3x^2 + 2x + 5)$

(2) $\lim_{x \to 2}\dfrac{x^2 + 3x - 10}{x - 2}$

(3) $\lim_{x \to 1}\dfrac{x - 1}{x^2 - 1}$

2. $\lim_{x \to 0}\dfrac{|x|}{x}$ 가 존재하지 않음을 증명하여라.

3. $\lim_{x \to 0}\left(x^2 \cos \dfrac{1}{x}\right) = 0$을 증명하여라.

4. 다음을 구하여라.

(1) $\lim_{x \to 0}\dfrac{\sin 5x}{4x}$

(2) $\lim_{x \to 0}\dfrac{\sin 5x}{\sin 2x}$

(3) $\lim_{x \to 0}\dfrac{\tan x}{x}$

(4) $\lim_{x \to 0}\dfrac{1 - \cos x}{x}$

(5) $\lim_{x \to \infty}\dfrac{3x^2 - x}{2x^2 + 4}$

(6) $\lim_{x \to 0}(x \cot x)$

(7) $\lim_{x \to \infty}(x + \sin x)$

(8) $\lim_{x \to \infty}\sin \dfrac{1}{x}$

5. 물탱크에 $1000\,\mathrm{L}$의 물이 담겨 있다. 물 $1\,\mathrm{L}$에 $0.2\,\mathrm{g}$의 소금이 녹아 있는 소금물을 이 물탱크에 $25\,\mathrm{L/min}$의 변화율로 넣는다고 하자.

(1) t분 뒤 소금물의 농도가 $C(t) = \dfrac{20t}{40 + t}$임을 보여라.

(2) $t \to \infty$일 때 소금물의 농도(%)를 구하여라.

➤ 3.4 함수의 연속성

◐ 연속함수

함수 $y=f(x)$가 점 $x=a$에서 연속이 아닌 예는 그림 3.4.1의 세 가지 경우이다.

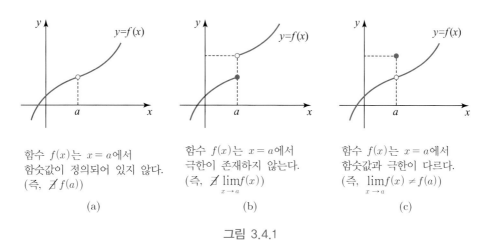

함수 $f(x)$는 $x=a$에서
함숫값이 정의되어 있지 않다.
(즉, $\not\exists f(a)$)

(a)

함수 $f(x)$는 $x=a$에서
극한이 존재하지 않는다.
(즉, $\not\exists \lim\limits_{x \to a} f(x)$)

(b)

함수 $f(x)$는 $x=a$에서
함숫값과 극한이 다르다.
(즉, $\lim\limits_{x \to a} f(x) \neq f(a)$)

(c)

그림 3.4.1

위의 세 가지 불연속인 경우를 제외하여 연속함수를 정의한다.

정의 3.4.1 ◑ 연속함수

(1) 함수 f가 다음 세 조건을 모두 만족할 때 $x=a$에서 **연속**이라고 한다.
   ① 함숫값 $f(a)$가 존재한다.
   ② 극한 $\lim\limits_{x \to a} f(x)$가 존재한다.
   ③ $x=a$에서 극한과 함숫값이 일치한다. 즉, $\lim\limits_{x \to a} f(x) = f(a)$이다.

(2) 정의역 내의 모든 점에서 연속일 때 f를 **연속함수**라고 한다.

연속함수의 정의로부터 주어진 함수가 연속이 되는 x의 범위를 구할 수 있다.

여러 가지 함수	연속이 되는 x의 범위
다항함수 $y=a_nx^n+\cdots+a_1x+a_0$	$x \in \mathbb{R}$
유리함수 $y=\dfrac{f(x)}{g(x)}$	$\{x \in \mathbb{R} \mid g(x) \neq 0\}$
무리함수 $y=\sqrt{f(x)}$	$\{x \in \mathbb{R} \mid f(x) \geq 0\}$
삼각함수 $y=\sin x, y=\cos x$	$x \in \mathbb{R}$

$y = \tan x$	$\left\{ x \in \mathbb{R} \mid x \neq n\pi + \dfrac{\pi}{2}, n \in \mathbb{Z} \right\}$
지수함수 $y = a^x$	$x \in \mathbb{R}$
로그함수 $y = \log_a x$	$\{ x \in \mathbb{R} \mid x > 0 \}$

예제 3.4.1   연속성 조사하기

다음 함수의 연속성을 조사하여라.

(a) $f(x) = 2x^2 - x + 5$　　　　　　(b) $f(x) = \dfrac{x^2 - 4}{x + 2}$

(c) $f(x) = \sqrt{1 - 2x}$　　　　　　(d) $f(x) = \ln(x + 1)$

풀이

(a) 다항함수 $f(x) = 2x^2 - x + 5$는 모든 실수에서 연속이다.

(b) 유리함수 $f(x) = \dfrac{x^2 - 4}{x + 2}$는 $\{ x \in \mathbb{R} \mid x \neq -2 \}$에서 연속이다.

(c) 무리함수 $f(x) = \sqrt{1 - 2x}$는 $\left\{ x \in \mathbb{R} \mid x \leq \dfrac{1}{2} \right\}$에서 연속이다.

(d) 로그함수 $f(x) = \ln(x + 1)$는 $\{ x \in \mathbb{R} \mid x > -1 \}$에서 연속이다.

그림 3.4.1의 (a)와 (c)는 $x = a$에서 함숫값을 극한으로 정의하면 연속함수가 될 수 있다. 이러한 불연속함수를 **제거가능 불연속함수**라고 한다. 그러나 그림 3.4.1(b)의 경우는 $x = a$에서 극한이 존재하지 않으므로 제거가능 불연속이 아니다.

예제 3.4.2   불연속점의 제거

함수 $f(x)$가 연속함수가 되도록 L의 값을 구하여라.

$$f(x) = \begin{cases} \dfrac{x^2 + 2x - 3}{x - 1} & , \quad x \neq 1 \\ L & , \quad x = 1 \end{cases}$$

풀이

$x \neq 1$에서 $\dfrac{x^2 + 2x - 3}{x - 1}$은 연속이므로 함수 $f(x)$가 연속함수가 되기 위해 $x = 1$에서만 연속이면 된다. 즉, $L = f(1) = \lim_{x \to 1} f(x)$이다. 그러므로 $L = \lim_{x \to 1} \dfrac{x^2 + 2x - 3}{x - 1} = \lim_{x \to 1}(x + 3) = 4$이다.

○ 연속함수의 성질

연속함수의 성질

두 함수 $f(x)$, $g(x)$가 $x = a$에서 연속이면 다음 함수도 $x = a$에서 연속이다.

(1) $kf(x)$ (단, k는 상수)

(2) $f(x) \pm g(x)$

(3) $f(x)g(x)$

(4) $\dfrac{f(x)}{g(x)}$ (단, $g(a) \neq 0$)

합성함수의 극한

함수 $g(x)$가 $x = a$에서 $\lim\limits_{x \to a} g(x) = L$이고 $f(x)$가 $x = L$에서 연속이면

$$\lim_{x \to a}(f \circ g)(x) = f\left(\lim_{x \to a} g(x)\right) = f(L)$$

이 성립한다.

중간값 정리

함수 $f(x)$가 폐구간 $[a, b]$에서 연속이면 $f(a)$와 $f(b)$ 사이의 임의의 수 k에 대하여 $f(c) = k$를 만족하는 c가 a와 b 사이에 적어도 하나 존재한다.

㈜ **중간값 정리**(intermediate value theorem)는 **사잇값 정리**라고도 한다.

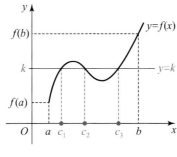

그림 3.4.2

중간값 정리를 응용하여 $k = 0$이 되는 경우를 생각해보면 $f(x) = 0$을 만족하는 x의 존재성, 즉 근의 존재성을 판별할 수 있다.

함수 $f(x)$가 폐구간 $[a,\,b]$에서 연속이고 $f(a)$와 $f(b)$가 서로 다른 부호를 가지면, 즉 $f(a)f(b) < 0$일 때, 방정식 $f(x) = 0$은 a와 b 사이에 적어도 하나의 실근을 가진다.

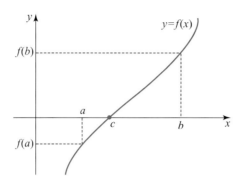

그림 3.4.3

유리함수 $f(x) = \dfrac{1}{x-1}$은 구간 $[0,\,2]$의 양 끝점에서의 함숫값이 각각 $f(0) = -1$, $f(2) = 1$이고 $f(0)f(2) < 0$을 만족한다. 그러나 그림 3.4.4에서 $f(x) = \dfrac{1}{x-1} = 0$을 만족하는 실근이 존재하지 않는다. 그러므로 불연속인 점을 포함한 구간에서는 중간값 정리에 의한 근의 존재성을 보장할 수 없다.

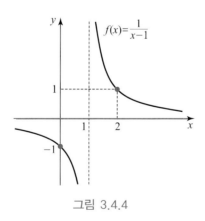

그림 3.4.4

예제 3.4.3 근의 존재성 판별 ────────────

방정식 $x^5 + 4x^2 - 9x + 3 = 0$이 0과 1 사이에 적어도 하나의 실근을 가짐을 증명하여라.

풀이

함수 $f(x) = x^5 + 4x^2 - 9x + 3$ 는 폐구간 $[0, 1]$ 에서 연속이고

$$f(0) = 3, \ f(1) = -1, \ f(0) f(1) < 0$$

이다. 중간값 정리에 의하여 $x^5 + 4x^2 - 9x + 3 = 0$ 는 0과 1 사이에 적어도 하나의 실근을 갖는다.

정리 3.4.6 ◀ 최대최소 정리

폐구간 $[a, b]$ 에서 연속인 함수 f 는 항상 최댓값과 최솟값을 갖는다.

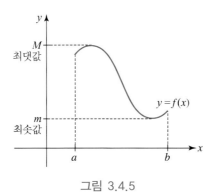

그림 3.4.5

1. 다음 함수의 연속성을 조사하여라.

(1) $f(x) = \dfrac{x-2}{x^2+3}$ (2) $f(x) = \dfrac{x}{|x|}$

(3) $f(x) = \dfrac{1}{\ln(x+3)}$ (4) $f(x) = \sec x$

2. 함수 $y = |x^2 + x - 2|$가 모든 실수에서 연속임을 보여라.

3. 함수 $y = \sin\left(\dfrac{x^2 + 2x - 1}{x^2 - x - 6}\right)$가 연속인 구간을 구하여라.

4. 다음 함수가 연속일 때 상수 a, b의 값을 구하여라.

(1) $f(x) = \begin{cases} x+3 &, \quad 1 < x < 3 \\ x^2 + ax + b &, \quad |x-2| \geq 1 \end{cases}$

(2) $f(x) = \begin{cases} \dfrac{\sqrt{a+x} - b}{x} &, \quad x \neq 0 \\ \dfrac{1}{6} &, \quad x = 0 \end{cases}$

5. $x = 3$에서 함수 $f(x) = \dfrac{\lfloor x \rfloor + \lfloor -x \rfloor}{2}$가 연속인지 아닌지를 판별하여라.

(단, $\lfloor x \rfloor$는 x를 넘지 않는 최대 정수)

6. 방정식 $x^2 - 2x + k = 0$이 구간 $(0, 1)$에서 실근을 가지기 위한 k의 값의 범위를 구하여라.

7. 함수 $f(x)$가 $[0, 1]$에서 연속이고 $0 \leq f(x) \leq 1$이면 $f(c) = c$를 만족하는 점 c가 0과 1사이에 존재함을 보여라. ($f(c) = c$를 만족하는 점 c를 **고정점**이라고 한다.)

8. 반지름이 $10\,\mathrm{cm}$보다 작은 원 중에서 면적이 $300\,\mathrm{cm}^2$인 원이 존재함을 보여라.

1. 다음 수열의 극한을 구하여라.

(1) $a_n = \dfrac{n^6 + 3n^4 - 2}{2n^6 + 2n + 3}$

(2) $a_n = \sqrt{n^2 + 5n} - n$

2. 다음 수열의 수렴, 발산을 조사하여라.

(1) $a_n = \dfrac{n}{2^n}$

(2) $a_n = \dfrac{n!}{n^n}$

3. 수열 a_n에 대하여 $a_1 = 1$이고 $a_{n+1} = \sqrt{2a_n}$일 때 단조수렴정리를 이용하여 $\displaystyle\lim_{n \to \infty} a_n$이 존재함을 보이고 극한을 구하여라.

4. 다음 급수의 수렴, 발산을 조사하여라.

(1) $\displaystyle\sum_{n=1}^{\infty} \dfrac{n(n+1)}{3n^2 + 2}$

(2) $\displaystyle\sum_{n=1}^{\infty} \dfrac{1 + 3^n}{4^n}$

(3) $\displaystyle\sum_{n=1}^{\infty} e^{-3n}$

(4) $\displaystyle\sum_{n=1}^{\infty} \dfrac{(-2)^{n-1}}{5^n}$

5. 다음을 구하여라.

(1) $\displaystyle\lim_{x \to -1} \dfrac{3x + 3}{2x^2 + x - 1}$

(2) $\displaystyle\lim_{x \to 5} \dfrac{x^2 - 4x - 5}{x - 5}$

(3) $\displaystyle\lim_{h \to 0} \dfrac{(x+h)^2 - x^2}{h}$

6. $\displaystyle\lim_{x \to 0} x^2 e^{\sin\left(\frac{1}{x}\right)}$를 구하여라.

7. 다음을 구하여라.

(1) $\displaystyle\lim_{x \to 0} \frac{\tan x^2}{x}$

(2) $\displaystyle\lim_{x \to \infty} e^{1-x^2}$

8. $\displaystyle\lim_{x \to \pi} \cos(x + \sin x)$을 구하여라.

9. 다음 함수 $f(x)$가 모든 x에 대하여 연속이 되도록 a, b의 값을 구하여라.

$$f(x) = \begin{cases} \dfrac{x^2 - 9}{x - 3} & , \ x < 3 \\ ax^2 + bx + 3 & , \ 3 \le x < 4 \\ 3x + a + b & , \ x \ge 4 \end{cases}$$

10. 중간값 정리를 이용하여 다음 방정식의 근이 지정된 구간에서 존재함을 보여라.

(1) $2\ln(x - 2) - 1 = 0, \ (3, 4)$

(2) $x^3 + 2x = \cos x, \ (0, 1)$

미분

☞ 4.1 접선과 도함수

◑ 접선

곡선 $y = x^2$ 위의 두 점 $(1, 1)$과 $(3, 9)$을 지나는 직선의 기울기 m_1을 계산하면

$$m_1 = \frac{y\text{의 값의 증가량}}{x\text{의 값의 증가량}} = \frac{9-1}{3-1} = 4$$

이다. 그리고 직선의 방정식은 $y = 4(x-1) + 1 = 4x - 3$이다.

두 점 $(1, 1)$과 $(2, 4)$을 지나는 직선의 기울기 m_2를 계산하면

$$m_2 = \frac{4-1}{2-1} = 3$$

이고 이때 직선의 방정식은 $y = 3x - 2$이다.

변수 x의 값이 x_1에서 x_2로 변할 때 $x_2 - x_1$을 **x의 증가량** 또는 **증분**이라고 하며 기호 Δx로 나타낸다.

그러면 위의 두 직선은 점 $(1, 1)$에서 각각 x의 증분 Δx가 2와 1인 경우이다. 이때 Δx값이 "0"으로 가까이 가면 두 점을 지나는 직선은 점 $(1, 1)$에서 곡선 $y = x^2$에 접하는 직선이 된다.

그림 4.1.1에서의 (a)와 (b)처럼 곡선과 2개 이상의 점에서 만나는 직선을 **할선**(secant line)이라고 한다. 그리고 (c)와 같이 곡선과 한 점에서 접하는 직선을 **접선**(tangent line)이라고 하며 그 점을 **접점**(tangent point)이라고 한다.

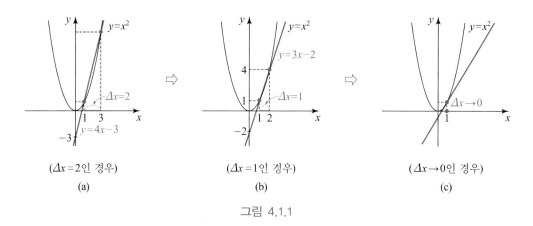

($\Delta x = 2$인 경우)	($\Delta x = 1$인 경우)	($\Delta x \to 0$인 경우)
(a)	(b)	(c)

그림 4.1.1

곡선 $y = f(x)$의 한 점 $P(a, f(a))$에서의 접선의 기울기를 구해보자. 먼저 두 점 $P(a, f(a))$와 $Q(a + \Delta x, f(a + \Delta x))$을 지나는 직선(할선)의 기울기는

$$m = \frac{f(a + \Delta x) - f(a)}{(a + \Delta x) - a} = \frac{f(a + \Delta x) - f(a)}{\Delta x}$$

이다.

그림 4.1.2에서 점 Q가 점 P에 접근하면 즉,

$$\Delta x \to 0$$

이면 이 직선은 점 P에서의 접선에 근사한다. 그러므로

$$\lim_{\Delta x \to 0} \frac{f(a + \Delta x) - f(a)}{\Delta x}$$

이 존재하면 이 값은 점 P에서의 접선의 기울기가 된다.

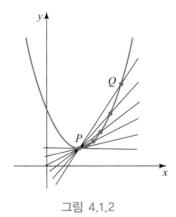

그림 4.1.2

정의 4.1.1 ● 평균변화율과 순간변화율

(1) 함수 $y = f(x)$의 $x = a$에서 $x = b(a \neq b)$까지의 **평균변화율**은

$$\frac{y의 \ 증분}{x의 \ 증분} = \frac{\Delta y}{\Delta x} = \frac{f(b) - f(a)}{b - a}$$

이다. 이때 평균변화율은 두 점 $(a, f(a))$와 $(b, f(b))$를 지나는 직선의 기울기와 같다.

(2) 극한

$$\lim_{\Delta x \to 0} \frac{f(a + \Delta x) - f(a)}{\Delta x}$$

가 존재하면, 이 극한을 $y = f(x)$의 $x = a$에서의 **순간변화율**이라고 한다. 이때 순간변화율은 $x = a$에서의 **접선의 기울기**와 같다.

㊟ 극한 $\displaystyle\lim_{\Delta x \to 0} \frac{f(a + \Delta x) - f(a)}{\Delta x} = m_a$ 라고 하면 점 $x = a$에서 곡선 $y = f(x)$의 **접선의 방정식**은 $y = m_a(x - a) + f(a)$ 이다.

예제 4.1.1 　접선의 방정식 구하기

다음 함수의 $x = 1$에서의 접선의 방정식을 구하여라.

(a) $f(x) = x^2$ 　　　　　　　　　　　(b) $g(x) = \dfrac{1}{x}$

풀이

(a) 정의 4.1.1을 이용하여 $x = 1$에서의 접선의 기울기를 구하면

$$m = \lim_{\Delta x \to 0} \frac{f(1 + \Delta x) - f(1)}{\Delta x} = \lim_{\Delta x \to 0} \frac{(1 + \Delta x)^2 - 1}{\Delta x} = \lim_{\Delta x \to 0} (2 + \Delta x) = 2$$

이다. 접선의 방정식은 $y = m(x - 1) + f(1) = 2(x - 1) + 1 = 2x - 1$ 이다.

(b) 접선의 기울기

$$m = \lim_{\Delta x \to 0} \frac{g(1 + \Delta x) - g(1)}{\Delta x} = \lim_{\Delta x \to 0} \frac{\dfrac{1}{1 + \Delta x} - 1}{\Delta x} = \lim_{\Delta x \to 0} \frac{-1}{1 + \Delta x} = -1$$

이다. 접선의 방정식은 $y = m(x - 1) + g(1) = (-1)(x - 1) + 1 = -x + 2$ 이다.

◯ 미분계수

정의 4.1.2 　미분계수

함수 $y = f(x)$에 대하여 극한

$$\lim_{h \to 0} \frac{f(a + h) - f(a)}{h}$$

가 존재할 때 이 극한을 $f(x)$의 $x = a$에서의 **미분계수**라 하고 $f'(a)$, $\dfrac{d}{dx}f(a)$ 또는 $\dfrac{dy}{dx}(a)$로 표기한다. 그리고 $x = a$에서 **미분가능하다**고 한다.

주 만약 함수 $y = f(x)$가 위치함수이면 $\lim\limits_{h \to 0} \dfrac{f(a+h) - f(a)}{h}$ 는 $x = a$에서 $f(x)$의 순간속도를 의미한다.

미분계수의 다른 표현

$$f'(a) = \lim_{h \to 0} \frac{f(a+h) - f(a)}{h} = \lim_{x \to a} \frac{f(x) - f(a)}{x - a}$$

○ 도함수

함수의 정의역 내의 모든 점에서 미분가능성을 조사하기 위하여 미분계수의 정의를 확장하여 도함수를 정의한다.

정의 4.1.3 ● 도함수

함수 $y = f(x)$에 대하여 극한

$$\lim_{h \to 0} \frac{f(x+h) - f(x)}{h}$$

가 존재하면, 이 극한을 $f(x)$의 **도함수**(derivative)라 하고 $\boldsymbol{f'(x)}$로 표기한다. 도함수를 구하는 과정을 **미분**(differentiation)이라고 한다.

주 $f(x)$의 도함수는 $f(x)$로부터 유도된 함수(derived function)이다.

예제 4.1.2 도함수 구하기 ──────────────

다음 함수의 도함수를 구하여라.

(a) $f(x) = x^3 + 1$

(b) $f(x) = \sqrt{x}$

(c) $f(x) = \dfrac{1}{x}$

풀이

(a) $f'(x) = \lim\limits_{h \to 0} \dfrac{f(x+h) - f(x)}{h} = \lim\limits_{h \to 0} \dfrac{\{(x+h)^3 + 1\} - (x^3 + 1)}{h}$

$\qquad = \lim\limits_{h \to 0} (3x^2 + 3xh + h^2) = 3x^2$

(b) $f'(x) = \lim_{h \to 0} \dfrac{f(x+h) - f(x)}{h} = \lim_{h \to 0} \dfrac{\sqrt{x+h} - \sqrt{x}}{h} = \lim_{h \to 0} \dfrac{(x+h) - x}{h(\sqrt{x+h} + \sqrt{x})}$

$= \lim_{h \to 0} \dfrac{1}{\sqrt{x+h} + \sqrt{x}} = \dfrac{1}{2\sqrt{x}}$

(c) $f'(x) = \lim_{h \to 0} \dfrac{f(x+h) - f(x)}{h} = \lim_{h \to 0} \dfrac{\dfrac{1}{x+h} - \dfrac{1}{x}}{h} = \lim_{h \to 0} \dfrac{x - (x+h)}{hx(x+h)}$

$= \lim_{h \to 0} \dfrac{-1}{x(x+h)} = -\dfrac{1}{x^2}$

도함수의 다른 표현

함수 $f(x)$의 도함수를 $f'(x)$로 표기한다. 프랑스의 기호학자인 라이프니츠는 도함수를 $\dfrac{dy}{dx}$ 로 나타내었다. 그 외

$$f'(x), \quad y', \quad \dfrac{df}{dx}, \quad \dfrac{d}{dx}f(x)$$

는 함수 $f(x)$의 도함수를 나타내는 또 다른 표현들이다. 기호 $\dfrac{d}{dx}$ 는 **미분작용소**(differential operator)라고 부른다.

정리 4.1.4 미분가능성과 연속성의 관계

함수 f가 $x = a$에서 미분가능이면 즉, $f'(a)$가 존재하면 함수 f는 $x = a$에서 연속이다.

증명

함수 f가 $x = a$에서 연속임을 보이기 위해서는 $\lim_{x \to a} f(x) = f(a)$임을 보이면 된다.

f가 $x = a$에서 미분가능이므로 $\lim_{x \to a} \dfrac{f(x) - f(a)}{x - a} = f'(a)$가 성립한다.

$$\lim_{x \to a}[f(x) - f(a)] = \lim_{x \to a}\left[\dfrac{f(x) - f(a)}{x - a}(x - a)\right]$$

$$= \lim_{x \to a}\left[\dfrac{f(x) - f(a)}{x - a}\right]\lim_{x \to a}(x - a)$$

$$= f'(a) \times (0) = 0$$

이다.

$$0 = \lim_{x \to a}\left[f(x) - f(a)\right] = \lim_{x \to a}f(x) - \lim_{x \to a}f(a) = \lim_{x \to a}f(x) - f(a)$$

이므로 $\lim_{x \to a}f(x) = f(a)$이 성립한다. ▪

정리 4.1.4의 역은 성립하지 않는다. 즉, 연속이지만 미분불가능인 함수가 존재한다.

예제 4.1.3   미분불가능인 함수 ─────────────────────

함수 $f(x) = |x|$는 $x = 0$에서 연속이나 미분불가능임을 보여라.

풀이

먼저 $\lim_{x \to 0}f(x) = \lim_{x \to 0}|x| = 0 = f(0)$이 성립하므로 함수 f는 $x = 0$에서 연속이다.

$$\lim_{x \to 0^+}\frac{f(x) - f(0)}{x - 0} = \lim_{x \to 0^+}\frac{x}{x} = 1 \text{이고} \quad \lim_{x \to 0^-}\frac{f(x) - f(0)}{x - 0} = \lim_{x \to 0^-}\frac{-x}{x} = -1$$

이므로 극한 $\lim_{x \to 0}\dfrac{f(x) - f(0)}{x - 0}$ 은 존재하지 않는다.

그러므로 함수 f는 $x = 0$에서 미분불가능이다.

참고로 아래 그림처럼 뾰족한 점에서는 미분불가능이다.

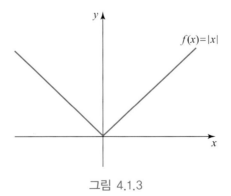

그림 4.1.3

1. 다음 함수에 대하여 x의 값이 1에서 3까지 변할 때 평균변화율을 구하여라.

(1) $f(x) = x^2 - 2x$ (2) $f(x) = \sqrt{x+1}$

2. 다음 함수에 대하여 $x = 2$에서의 미분계수를 구하여라.

(1) $f(x) = 3x^2 + 1$ (2) $f(x) = \dfrac{1}{x-5}$

3. 함수 $f(x) = \sqrt[3]{x}$ 의 $x = 1$에서의 접선의 방정식을 구하여라.

4. 함수 $f(x) = \begin{cases} -x^2 , & x \le 1 \\ -1 , & x > 1 \end{cases}$ 은 $x = 1$에서 연속이지만 미분불가능임을 보여라.

5. 도함수의 정의를 이용하여 다음 함수의 도함수를 구하여라.

(1) $f(x) = \dfrac{1}{x^2}$

(2) $f(x) = 7x - 1$

(3) $f(x) = \sqrt{9 - 4x}$

6. 함수 $f(x) = \begin{cases} x^2 \sin \dfrac{1}{x} , & x \ne 0 \\ 0 , & x = 0 \end{cases}$ 에 대하여 $x = 0$에서의 f의 미분가능성을 조사하여라.

☞ 4.2 도함수의 계산

◐ 거듭제곱함수의 도함수

도함수의 정의를 이용하여 여러 가지 함수의 도함수에 관한 정리를 유도할 수 있다.

정리 4.2.1 상수함수의 도함수

임의의 상수 c에 대하여

$$\frac{d}{dx}c = 0$$

이다.

정리 4.2.2 항등함수의 도함수

항등함수 $f(x) = x$에 대하여

$$\frac{d}{dx}x = 1$$

이다.

증명

도함수의 정의에 의하여

$$f'(x) = \lim_{h \to 0}\frac{f(x+h) - f(x)}{h} = \lim_{h \to 0}\frac{(x+h) - x}{h} = \lim_{h \to 0}\frac{h}{h} = 1$$

이다. ☐

양의 정수 n에 대한 거듭제곱함수 $f(x) = x^n$의 도함수는 다음과 같다.

정리 4.2.3 거듭제곱함수의 도함수

임의의 자연수 n에 대하여

$$\frac{d}{dx}x^n = nx^{n-1}$$

이다.

$f(x) = x^n$이라 두자. 이항정리에 의하여

$$(x+h)^n = x^n + nx^{n-1}h + \frac{n(n-1)}{2}x^{n-2}h^2 + \cdots$$

$$+ \frac{n(n-1)\cdots(n-k+1)}{k!}x^{n-k}h^k + \cdots + nxh^{n-1} + h^n$$

이다. 도함수의 정의에 의하여

$$f'(x) = \lim_{h \to 0}\frac{f(x+h)-f(x)}{h} = \lim_{h \to 0}\frac{(x+h)^n - x^n}{h}$$

$$= \lim_{h \to 0}\frac{nx^{n-1}h + \dfrac{n(n-1)}{2}x^{n-2}h^2 + \cdots + nxh^{n-1} + h^n}{h}$$

$$= \lim_{h \to 0}\left(nx^{n-1} + \frac{n(n-1)}{2}x^{n-2}h + \cdots + nxh^{n-2} + h^{n-1}\right) = nx^{n-1}$$

이다.

n이 실수인 경우에도 정리 4.2.3은 성립한다.

정리 4.2.4

임의의 실수 r에 대하여

$$\frac{d}{dx}x^r = rx^{r-1} \quad (단,\ x \neq 0)$$

이다.

예제 4.2.1　거듭제곱함수의 도함수 구하기

다음 함수의 도함수를 구하여라.

(a) $f(x) = x^5$　　　　　(b) $g(x) = \sqrt{x}$　　　　　(c) $h(x) = \dfrac{1}{x^3}$

풀이

(a) $f'(x) = \dfrac{d}{dx}x^5 = 5x^4$　　　　(b) $g'(x) = \dfrac{d}{dx}\sqrt{x} = \dfrac{d}{dx}x^{\frac{1}{2}} = \dfrac{1}{2}x^{-\frac{1}{2}} = \dfrac{1}{2\sqrt{x}}$

(c) $h'(x) = \dfrac{d}{dx}\left(\dfrac{1}{x^3}\right) = \dfrac{d}{dx}x^{-3} = -3x^{-4} = -\dfrac{3}{x^4}$

● 도함수의 성질

정리 4.2.5 ● **도함수의 성질**

두 함수 f, g 가 미분가능하면 다음을 만족한다.

(1) $\dfrac{d}{dx}[cf(x)] = c\left[\dfrac{d}{dx}f(x)\right] = cf'(x)$ (단, c 는 상수)

(2) $\dfrac{d}{dx}[f(x) \pm g(x)] = \left[\dfrac{d}{dx}f(x)\right] \pm \left[\dfrac{d}{dx}g(x)\right] = f'(x) \pm g'(x)$

(3) **곱의 법칙**

$$\frac{d}{dx}[f(x)g(x)] = \left[\frac{d}{dx}f(x)\right]g(x) + f(x)\left[\frac{d}{dx}g(x)\right]$$
$$= f'(x)g(x) + f(x)g'(x)$$

(4) **몫의 법칙**

$$\frac{d}{dx}\left[\frac{f(x)}{g(x)}\right] = \frac{\left[\dfrac{d}{dx}f(x)\right]g(x) - f(x)\left[\dfrac{d}{dx}g(x)\right]}{[g(x)]^2}$$
$$= \frac{f'(x)g(x) - f(x)g'(x)}{[g(x)]^2} \quad (단, \ g(x) \neq 0)$$

증명

(3) 도함수의 정의에 의하여

$$\frac{d}{dx}[f(x)g(x)] = \lim_{h \to 0} \frac{f(x+h)g(x+h) - f(x)g(x)}{h}$$

$$= \lim_{h \to 0} \frac{f(x+h)g(x+h) - f(x)g(x+h) + f(x)g(x+h) - f(x)g(x)}{h}$$

$$= \lim_{h \to 0}\left[\frac{f(x+h) - f(x)}{h}\right]g(x+h) + \lim_{h \to 0}f(x)\left[\frac{g(x+h) - g(x)}{h}\right]$$

$$= \lim_{h \to 0}\left[\frac{f(x+h) - f(x)}{h}\right]\left[\lim_{h \to 0}g(x+h)\right] + f(x)\left[\lim_{h \to 0}\frac{g(x+h) - g(x)}{h}\right]$$

$$= f'(x)g(x) + f(x)g'(x)$$

이다. ∎

예제 4.2.2 도함수 구하기

다음 함수의 도함수를 구하여라.

(a) $f(x) = 3 - 7x^4 + \dfrac{2}{x^5}$

(b) $g(x) = (x+2)(2x^3 - x)$

(c) $h(x) = \dfrac{x^2 - x + 1}{\sqrt{x}}$

풀이

(a) $f'(x) = -28x^3 - 10x^{-6} = -28x^3 - \dfrac{10}{x^6}$ 이다.

(b) 곱의 법칙에 의하여

$$g'(x) = (x+2)'(2x^3 - x) + (x+2)(2x^3 - x)' = 8x^3 + 12x^2 - 2x - 2$$

이다.

(c) 몫의 법칙에 의하여

$$h'(x) = \frac{(x^2 - x + 1)'\sqrt{x} - (x^2 - x + 1)(\sqrt{x})'}{(\sqrt{x})^2} = \frac{3x^2 - x - 1}{2x\sqrt{x}}$$

이다.

미분가능인 두 함수의 곱의 도함수를 구하는 곱의 법칙은 수학적 귀납법에 의하여 유한 개의 미분가능인 함수의 곱에 대해서도 성립한다. 예를 들면

$$[f(x)g(x)h(x)]' = f'(x)g(x)h(x) + f(x)g'(x)h(x) + f(x)g(x)h'(x)$$

을 만족한다.

예제 4.2.3 기울기를 이용하여 접점 구하기

곡선 $y = 2x + x^2$의 접선의 기울기가 4가 되는 접점의 좌표와 접선의 방정식을 구하여라.

풀이

$f(x) = 2x + x^2$이라고 하자. 이때 $f'(x) = 2 + 2x$이므로 접선의 기울기가 4가 되는 점을 $x = a$라고 하면 $f'(a) = 2 + 2a = 4$인 $a = 1$이다. 그러므로 접점의 좌표는 $(1, f(1)) = (1, 3)$이고 접선의 방정식은

$$y = f'(1)(x-1) + f(1) = 4x - 1$$

이다.

예제 4.2.4

$f(x) = x(x+2)(3x-10)$의 $x=2$에서의 접선의 기울기를 구하여라.

풀이

함수 $f(x)$의 $x=2$에서의 접선의 기울기는 $f'(2)$이다. 먼저 도함수 $f'(x)$를 구하면

$$f'(x) = (x+2)(x)'(3x-10) + x(x+2)'(3x-10) + x(x+2)(3x-10)'$$
$$= 9x^2 - 8x - 20 = (9x+10)(x-2)$$

이다. 그러므로 $f'(2) = 0$이다.

예제 4.2.4의 $x=2$에서의 접선 $y=-32$는 그림 4.2.1에서처럼 x축에 나란한 접선이 된다. 이와 같이 기울기가 "0"이 되는 접선을 **수평접선**이라고 한다.

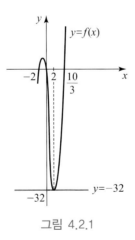

그림 4.2.1

또한 예제 4.2.1(b)에서 $g'(x) = (\sqrt{x})' = \dfrac{1}{2\sqrt{x}}$ 이므로 $x=0$에서의 미분계수 $g'(0)$는 분모의 값이 "0"이 되어 존재하지 않는다. 미분계수가 $\pm\infty$이 되는 점에서의 접선을 **수직접선**이라고 한다.

○ 연쇄법칙

정리 4.2.6 ● **연쇄법칙**

함수 g 가 x 에서 미분가능하고 f 가 $g(x)$ 에서 미분가능하면

$$\frac{d}{dx}[f(g(x))] = f'(g(x))g'(x)$$

이다.

합성함수의 도함수를 구하는 연쇄법칙은 라이프니츠 기호로 표현하면 간단하다. 즉, $y = f(u)$ 이고 $u = g(x)$ 라 하면

$$\frac{dy}{dx} = \frac{dy}{du}\frac{du}{dx}$$

이다.

연쇄법칙의 활용

미분가능인 함수 $f(x)$ 에 대하여

$$\frac{d}{dx}[f(x)^n] = n[f(x)]^{n-1}f'(x)$$

이 성립한다.

예제 4.2.5 **연쇄법칙을 이용하여 도함수 구하기**

다음 함수의 도함수를 구하여라.

(a) $f(x) = (x^4 - 2x + 1)^{10}$

(b) $g(x) = (3x - 1)\sqrt{2x + 1}$

(c) $h(x) = \dfrac{1}{5x^3 + 2x + 11}$

풀이

(a) $f'(x) = 10(x^4 - 2x + 1)^9(x^4 - 2x + 1)' = 20(2x^3 - 1)(x^4 - 2x + 1)^9$

(b) $g'(x) = (3x - 1)'\sqrt{2x + 1} + (3x - 1)(\sqrt{2x + 1})'$

$$= 3\sqrt{2x + 1} + (3x - 1)\frac{2}{2\sqrt{2x + 1}} = \frac{9x + 2}{\sqrt{2x + 1}}$$

(c) $h'(x) = [(5x^3 + 2x + 11)^{-1}]' = -\dfrac{(5x^3 + 2x + 11)'}{(5x^3 + 2x + 11)^2} = -\dfrac{15x^2 + 2}{(5x^3 + 2x + 11)^2}$

◐ 음함수

양함수(explicit function)는 독립변수 x에 대하여

$$y = f(x)$$

로 표현이 되는 함수이다. 독립변수 x와 종속변수 y가 분리되지 않고 두 변수 x, y의 관계로 정해지는

$$f(x, y) = 0$$

을 **음함수**(implicit function)라고 한다.

예를 들어 원을 나타내는 방정식 $x^2 + y^2 = 1$는 독립변수 x에 종속변수가 2개 대응되므로 엄밀히 말하여 함수는 아니지만 $x^2 + y^2 = 1$를 두 개의 무리함수

$$y = \sqrt{1 - x^2} \, , \ y = -\sqrt{1 - x^2}$$

의 합으로 볼 수 있으므로 일종의 함수처럼 취급하여 음함수라고 표현한다.

음함수로 주어진 함수에서 $\dfrac{dy}{dx}$를 구해보자.

예를 들어 음함수 $y^3 + 2y - 3x = x^5$의 양변을 x에 관하여 미분하면

$$\frac{d}{dx}(y^3 + 2y - 3x) = \frac{d}{dx}(x^5)$$

$$\frac{d}{dx}(y^3) + \frac{d}{dx}(2y) + \frac{d}{dx}(-3x) = \frac{d}{dx}(x^5)$$

$$3y^2 \frac{dy}{dx} + 2\frac{dy}{dx} - 3 = 5x^4$$

이다. $\dfrac{dy}{dx}$에 대하여 정리하면 $\dfrac{dy}{dx} = \dfrac{5x^4 + 3}{3y^2 + 2}$ 이다. 이와 같이 양변을 x에 관하여 미분한 뒤 $\dfrac{dy}{dx}$를 구하는 것을 **음함수 미분**이라고 한다.

예제 4.2.6 음함수 미분으로 도함수 구하기 ───────────────

음함수 미분을 이용하여 $x^2 + y^2 = 4$ 의 도함수 $\dfrac{dy}{dx}$ 를 구하여라.

풀이

음함수 미분을 이용하여 양변을 x 에 관하여 미분하면

$$2x + 2y\frac{dy}{dx} = 0$$

이므로 도함수 $\dfrac{dy}{dx} = -\dfrac{x}{y}$ 이다.

(다른 풀이)

함수 $x^2 + y^2 = 4$ 는 $y = \pm\sqrt{4 - x^2}$ 인 두 가지 표현이 가능한 음함수이다.
먼저 $y = \sqrt{4 - x^2}$ 일 때

$$\frac{dy}{dx} = \frac{d}{dx}\left[\sqrt{4 - x^2}\right] = -\frac{x}{\sqrt{4 - x^2}} = -\frac{x}{y}$$

이고 $y = -\sqrt{4 - x^2}$ 일 때

$$\frac{dy}{dx} = \frac{d}{dx}\left[-\sqrt{4 - x^2}\right] = -\frac{x}{\left(-\sqrt{4 - x^2}\right)} = -\frac{x}{y}$$

이 성립하므로 도함수 $\dfrac{dy}{dx} = -\dfrac{x}{y}$ 이다.

───────────────────────────────

예제 4.2.7 음함수 미분으로 기울기 구하기 ───────────────

$2x^3 - y^3 + 3xy = 0$ 의 점 $(1, 2)$ 에서의 접선의 기울기를 구하여라.

풀이

음함수 미분을 이용하여 양변을 x 에 관하여 미분하면

$$6x^2 - 3y^2\frac{dy}{dx} + 3y + 3x\frac{dy}{dx} = 0$$

이므로 $\dfrac{dy}{dx} = \dfrac{2x^2 + y}{y^2 - x}$ 이다. 그러므로 점 $(1, 2)$ 에서의 접선의 기울기는

$$\frac{dy}{dx}\bigg|_{(1,2)} = \frac{2x^2 + y}{y^2 - x}\bigg|_{(1,2)} = \frac{4}{3}$$

이다.

○ 역함수의 도함수

역함수가 존재하는 미분가능인 함수 $f(x)$의 역함수 $f^{-1}(x)$는 항상 미분가능이다. 이때 $f(x)$를 이용하여 역함수의 도함수를 구할 수 있다.

정리 4.2.7 ● **역함수의 도함수**

함수 f가 미분가능하고 역함수 $g = f^{-1}$를 가지면 역함수의 도함수는

$$\frac{d}{dx}\left[f^{-1}(x)\right] = g'(x) = \frac{1}{f'(g(x))} \quad (단, \ f'(g(x)) \neq 0)$$

이다.

증명

역함수의 정의에 의하여 $f(g(x)) = x$을 만족한다. 양변을 미분하면 연쇄법칙에 의하여 $f'(g(x))g'(x) = 1$이다. $f'(g(x)) \neq 0$이므로

$$g'(x) = \frac{1}{f'(g(x))}$$

이 성립한다. ◼

함수 f가 $x = a$에서 미분가능이고 $f(a) = b$일 때 역함수 $f^{-1}(x)$의 $x = b$에서의 미분계수는 정리 4.2.7에 의하여

$$(f^{-1})'(b) = \frac{1}{f'(f^{-1}(b))} = \frac{1}{f'(a)}$$

이다.

예제 4.2.8 역함수의 미분계수 구하기

$f(x) = 4x^3 + 6x^2 + 3x + 1$일 때 $(f^{-1})'(1)$을 구하여라.

풀이

$f(0) = 1$이므로 $0 = f^{-1}(1)$이다. $f'(x) = 12x^2 + 12x + 3$이므로 역함수의 도함수 정리에

의하여

$$(f^{-1})'(1) = \frac{1}{f'(f^{-1}(1))} = \frac{1}{f'(0)} = \frac{1}{3}$$

이다.

고계 도함수

미분가능인 함수 $y = f(x)$의 도함수 $f'(x)$를 구하고 만약 $f'(x)$가 미분가능이면 $f'(x)$의 도함수를 구할 수 있다. 이를 $f(x)$의 **2계 도함수**라고 하고

$$f''(x) = \frac{d}{dx}\left(\frac{dy}{dx}\right) = \frac{d^2y}{dx^2}$$

로 표기한다. 이러한 과정을 반복하면 $f(x)$의 $n(\geq 1$인 정수$)$계 도함수를 구할 수 있고 이 것을 $f^{(n)}(x)$로 표기한다. 특히 2계 이상의 도함수를 **고계 도함수**라고 한다.

계	기호	라이프니츠 기호
1	$y' = f'(x)$	$\dfrac{dy}{dx} = \dfrac{d}{dx}f(x)$
2	$y'' = f''(x)$	$\dfrac{d^2y}{dx^2} = \dfrac{d^2}{dx^2}f(x)$
3	$y''' = f'''(x)$	$\dfrac{d^3y}{dx^3} = \dfrac{d^3}{dx^3}f(x)$
4	$y^{(4)} = f^{(4)}(x)$	$\dfrac{d^4y}{dx^4} = \dfrac{d^4}{dx^4}f(x)$
$\vdots$	$\vdots$	$\vdots$
n	$y^{(n)} = f^{(n)}(x)$	$\dfrac{d^ny}{dx^n} = \dfrac{d^n}{dx^n}f(x)$

예제 4.2.9 고계 도함수 구하기 ─────────────────────────

$f(x) = \dfrac{1}{4}x^4 + x^3 + x^2 - 1$의 고계 도함수 $f^{(6)}(x)$을 구하여라.

1계 도함수를 구하면

$$f'(x) = x^3 + 3\,x^2 + 2x$$

이고 미분을 반복하면

$$f''(x) = 3x^2 + 6\,x + 2\,,$$
$$f'''(x) = 6x + 6\,,$$
$$f^{(4)}(x) = 6\,,$$
$$f^{(5)}(x) = 0$$

이다. $n \geq 5$이면 $f^{(n)}(x) = 0$이다. 그러므로 $f^{(6)}(x) = 0$이다.

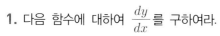

1. 다음 함수에 대하여 $\dfrac{dy}{dx}$ 를 구하여라.

(1) $y = x^{\frac{4}{3}}$

(2) $y = \sqrt[5]{x}\,(\sqrt{x} + 1)$

(3) $y = \dfrac{2x - 1}{x + 3}$

(4) $y = (1 + 2x)(x^3 - 4x + 3)$

(5) $y = (3x + 1)^5$

(6) $y = \sqrt[3]{(x^2 - 1)^2}$

2. 다음 함수의 $x = 1$ 에서의 미분계수를 구하여라.

(1) $f(x) = \sqrt{x} - \dfrac{1}{\sqrt{x}}$

(2) $f(x) = -\dfrac{2}{x}$

(3) $f(x) = (x^2 + 1)(5 - 2x)^3$

(4) $f(x) = \dfrac{1}{\sqrt{1 - x + 3x^2}}$

3. 음함수의 미분법을 이용하여 다음 함수의 $\dfrac{dy}{dx}$ 를 구하여라.

(1) $(x - 1)^2 + y^2 = 10$

(2) $(x + y)^2 = 2y$

(3) $x^3 + xy^3 = xy + 1$

4. 함수 $f(x) = x^2 + 2x - 3$ 에 대하여 $\left(f^{-1}\right)'(0)$ 을 구하여라. (단, $x > -1$)

5. 점 $(1, 1)$ 에서 $y^2 = \dfrac{x^3}{2 - x}$ 의 접선의 방정식을 구하여라.

6. $y = \dfrac{1}{x}$ 의 3계 도함수를 구하여라.

7. $f(x) = x^3 + ax^2 + bx$ 가 다음 두 조건을 만족할 때, 상수 a, b 를 구하여라.

$$f(1) = 0, \ \lim_{x \to 1} \dfrac{f(x) - f(1)}{x - 1} = 3$$

☞ 4.3　초월함수의 도함수

◑ 삼각함수의 도함수

삼각함수의 도함수를 정리하면 다음과 같다.

> **정리 4.3.1 ◑　삼각함수의 도함수**
>
> (1)　$\dfrac{d}{dx}(\sin x) = \cos x$　　　　　(2)　$\dfrac{d}{dx}(\cos x) = -\sin x$
>
> (3)　$\dfrac{d}{dx}(\tan x) = \sec^2 x$　　　　(4)　$\dfrac{d}{dx}(\cot x) = -\csc^2 x$
>
> (5)　$\dfrac{d}{dx}(\sec x) = \sec x \tan x$　　(6)　$\dfrac{d}{dx}(\csc x) = -\csc x \cot x$

증명

(1) 도함수의 정의에 의하여

$$\frac{d}{dx}(\sin x) = \lim_{h \to 0} \frac{\sin(x+h) - \sin x}{h}$$

$$= \lim_{h \to 0} \frac{\sin x \cos h + \cos x \sin h - \sin x}{h}$$

$$= \lim_{h \to 0} \frac{\sin x \cos h - \sin x}{h} + \lim_{h \to 0} \frac{\cos x \sin h}{h}$$

$$= \sin x \lim_{h \to 0} \frac{\cos h - 1}{h} + \cos x \lim_{h \to 0} \frac{\sin h}{h}$$

$$= \sin x \times 0 + \cos x \times 1$$

$$= \cos x$$

이다.

(3) $\tan x = \dfrac{\sin x}{\cos x}$ 이므로 $\tan x$의 도함수를 미분의 몫의 법칙을 이용하여 구하면

$$\frac{d}{dx}\left(\frac{\sin x}{\cos x}\right) = \frac{\cos x \cos x - \sin x(-\sin x)}{\cos^2 x}$$

$$= \frac{1}{\cos^2 x}$$

$$= \sec^2 x$$

이다. 나머지 삼각함수의 도함수는 연습문제로 남긴다.　　□

아래의 극한은 미적분학에서 많이 사용되는 유용한 정리이다. 극한의 조임정리, 로피탈 법칙 등을 이용하여 증명할 수 있다.

유용한 극한

(1) $\lim_{x \to 0} \dfrac{\cos x - 1}{x} = 0$ (2) $\lim_{x \to 0} \dfrac{\sin x}{x} = 1$ (3) $\lim_{x \to 0} \dfrac{\tan x}{x} = 1$

예제 4.3.1 연쇄법칙을 이용한 삼각함수의 미분

다음 함수의 도함수를 구하여라.

(a) $y = \sin(3x)$ (b) $y = \cos^4(3x+1)$

풀이

(a) $f(x) = \sin x$, $g(x) = 3x$ 라 두면 주어진 함수는 $f(x)$와 $g(x)$의 합성함수로 표현할 수 있다. 즉 $y = f(g(x))$이다. 미분의 연쇄법칙에 의하여 $y' = f'(g(x))g'(x)$이므로

$$y' = \cos(3x)(3x)' = 3\cos(3x)$$

이다.

(b) $\dfrac{d}{dx}\left[\cos^n(f(x))\right] = -n\cos^{n-1}(f(x))\sin(f(x))f'(x)$이므로

$$y' = 4\cos^3(3x+1)\left[\cos(3x+1)\right]' = -12\cos^3(3x+1)\sin(3x+1)$$

이다.

예제 4.3.2 접선의 방정식 구하기

점 $(0,-1)$에서 $f(x) = \tan x - \sec x$의 접선의 방정식을 구하여라. (단, $-\dfrac{\pi}{2} < x < \dfrac{\pi}{2}$)

풀이

$f'(x) = \sec^2 x - \sec x \tan x$이다. $x = 0$에서 $f'(0) = 1$이므로 접선의 방정식은

$$y = 1(x-0) + (-1) = x - 1$$

이다.

● 역삼각함수

삼각함수는 일대일 함수가 아니므로 역함수가 존재하지 않는다. 이런 경우 정의역을 제한하여 일대일 함수가 되도록 만든 후 역함수를 구한다.

$y = \sin x$의 정의역을 $\left[-\dfrac{\pi}{2}, \dfrac{\pi}{2} \right]$로 제한하면 치역은 $[-1, 1]$이다. 이 구간에서 사인함수는 일대일 함수가 되며 역함수가 존재한다. 이 역함수를 역사인함수라고 한다.

정의 4.3.2　　**역사인함수**

$$y = \sin^{-1} x,\ -1 \le x \le 1 \ \Leftrightarrow\ y = \sin x,\ -\frac{\pi}{2} \le x \le \frac{\pi}{2}$$

㈜　(1) $y = \sin x$의 역함수는 $y = \arcsin x$(아크사인x)로 표기하기도 한다.

　　(2) $(\sin x)^{-1} = \dfrac{1}{\sin x} = \csc x$이므로 $\sin^{-1} x \ne (\sin x)^{-1}$이다.

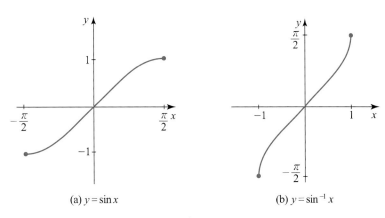

(a) $y = \sin x$　　　　　(b) $y = \sin^{-1} x$

그림 4.3.1

역사인함수를 아크사인함수라 부르는 이유

$y = \sin^{-1} x$에서 y는 다음과 같은 의미가 있다.

(1) 반지름의 길이가 1인 단위원에서 중심각이 y일 때 호(arc)의 길이도 y이다.

(2) 사인(sine)함수를 적용하면 $\sin y = x$이다.

그러므로 $y = \sin^{-1} x$를 아크사인함수라고 부르기도 한다.

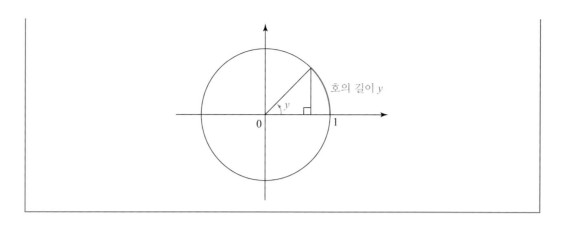

호의 길이 y

$y = \cos x$의 정의역을 $[0, \pi]$로 제한하면 치역은 $[-1, 1]$이다. 이 구간에서 코사인함수는 일대일 함수가 되며 역함수가 존재한다. 이 역함수를 역코사인함수라고 한다.

정의 4.3.3 역코사인함수

$$y = \cos^{-1}x,\ -1 \leq x \leq 1 \iff y = \cos x,\ 0 \leq x \leq \pi$$

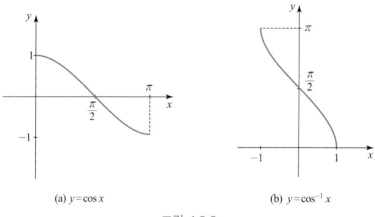

(a) $y = \cos x$ (b) $y = \cos^{-1} x$

그림 4.3.2

$y = \tan x$의 정의역을 $\left(-\dfrac{\pi}{2},\ \dfrac{\pi}{2} \right)$로 제한하면 치역은 실수 $\mathbb{R}$ 전체이다. 이 구간에서 탄젠트함수는 일대일 함수가 되며 역함수가 존재한다. 이 역함수를 역탄젠트함수라고 한다.

정의 4.3.4 역탄젠트함수

$$y = \tan^{-1}x,\ x \in \mathbb{R} \iff y = \tan x,\ -\dfrac{\pi}{2} < x < \dfrac{\pi}{2}$$

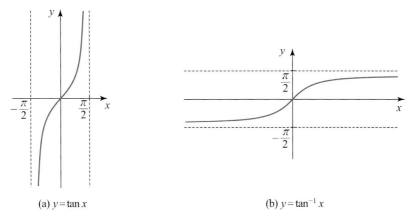

(a) $y = \tan x$

(b) $y = \tan^{-1} x$

그림 4.3.3

$y = \sec x$의 정의역을 $\left[0, \dfrac{\pi}{2}\right) \cup \left(\dfrac{\pi}{2}, \pi\right]$로 제한하면 치역은 $(-\infty, -1] \cup [1, \infty)$이다. 이 구간에서 시컨트함수는 일대일 함수가 되며 역함수가 존재한다. 이 역함수를 역시컨트함수라고 한다.

| 정의 4.3.5 | 역시컨트함수 |

$$y = \sec^{-1}x,\ |x| \geq 1 \iff y = \sec x,\ \left[0, \frac{\pi}{2}\right) \cup \left(\frac{\pi}{2}, \pi\right]$$

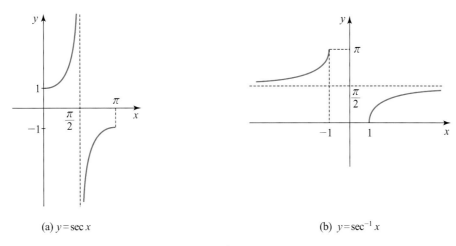

(a) $y = \sec x$

(b) $y = \sec^{-1} x$

그림 4.3.5

○ 역삼각함수의 도함수

미분가능인 함수의 역함수도 미분가능이므로 삼각함수의 역함수의 도함수를 구해보자.

정리 4.3.6 ● **역삼각함수의 도함수**

(1) $\dfrac{d}{dx}(\sin^{-1}x)= \dfrac{1}{\sqrt{1-x^2}}$ (2) $\dfrac{d}{dx}(\cos^{-1}x)= \dfrac{-1}{\sqrt{1-x^2}}$

(3) $\dfrac{d}{dx}(\tan^{-1}x)= \dfrac{1}{1+x^2}$ (4) $\dfrac{d}{dx}(\cot^{-1}x)= \dfrac{-1}{1+x^2}$

(5) $\dfrac{d}{dx}(\sec^{-1}x)= \dfrac{1}{|x|\sqrt{x^2-1}}$ (6) $\dfrac{d}{dx}(\csc^{-1}x)= \dfrac{-1}{|x|\sqrt{x^2-1}}$

증명

(1) $y= \sin^{-1}x$ 라 두면 $\sin y= x$ 이다. $|x|<1$ 이므로 $-\dfrac{\pi}{2}< y < \dfrac{\pi}{2}$ 이다.
음함수 미분으로 도함수를 구하면

$$\cos y \, y' = 1$$

이다. 여기서 $\cos y= \cos(\sin^{-1}x)= \sqrt{1-x^2} > 0$ 이다.

$$y' = \frac{1}{\cos y}= \frac{1}{\sqrt{1-\sin^2 y}}= \frac{1}{\sqrt{1-x^2}}$$

이다.

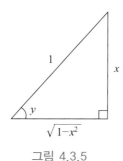

그림 4.3.5

(3) $y= \tan^{-1}x$ 라 두면 $\tan y= x$ 이다. 음함수 미분으로 도함수를 구하면

$$\sec^2 y \, y' = 1$$

이다.

$$y' = \frac{1}{\sec^2 y}= \frac{1}{1+\tan^2 y}= \frac{1}{1+x^2}$$

이다.

(5) $y = \sec^{-1} x$ 라 두면 $\sec y = x$ 이다. $|x| > 1$ 이므로 $y \in \left[0, \dfrac{\pi}{2} \right) \cup \left(\dfrac{\pi}{2}, \pi \right]$ 이다.

음함수 미분으로 도함수를 구하면

$$\sec y \tan y \; y' = 1$$

이다. 여기서 $\tan y = \begin{cases} \sqrt{1 - x^2} & , \quad x > 1 \\ -\sqrt{1 - x^2} & , \quad x < -1 \end{cases}$ 이다.

$$y' = \frac{1}{\sec y \tan y} = \begin{cases} \dfrac{1}{x\sqrt{1-x^2}} & , \quad x > 1 \\ \dfrac{1}{-x\sqrt{1-x^2}} & , \quad x < -1 \end{cases}$$

이다. 절댓값 기호를 이용하여 간단하게 정리하면

$$y' = \frac{1}{|x|\sqrt{1-x^2}}$$

그림 4.3.6

이다.

나머지 역삼각함수의 도함수는 연습문제로 남긴다.

예제 4.3.3   역삼각함수의 도함수와 연쇄법칙 ────────────────

다음 함수의 도함수를 구하여라.

(a) $y = \sin^{-1}(\sqrt{x})$ (b) $y = \tan^{-1}(-2x)$

풀이

(a) $\dfrac{d}{dx}\left[\sin^{-1} f(x) \right] = \dfrac{f'(x)}{\sqrt{1 - f(x)^2}}$ 이므로 $\dfrac{dy}{dx} = \dfrac{(\sqrt{x})'}{\sqrt{1-x}} = \dfrac{\dfrac{1}{2\sqrt{x}}}{\sqrt{1-x}}$ 이다.

(b) $\dfrac{d}{dx}\left[\tan^{-1} f(x) \right] = \dfrac{f'(x)}{1 + (f(x))^2}$ 이므로 $\dfrac{dy}{dx} = \dfrac{(-2x)'}{1 + (-2x)^2} = \dfrac{-2}{1 + 4x^2}$ 이다.

● 지수함수의 도함수

정리 4.3.7 ● 지수함수의 도함수

(1) $\dfrac{d}{dx}(a^x) = a^x \ln a \ (a > 0, a \neq 1)$

(2) $\dfrac{d}{dx}(e^x) = e^x$

증명

(1) 도함수의 정의에 의하여

$$\frac{d}{dx}(a^x) = \lim_{h \to 0} \frac{a^{(x+h)} - a^x}{h}$$

$$= \lim_{h \to 0} \frac{a^x a^h - a^x}{h}$$

$$= a^x \lim_{h \to 0} \frac{a^h - 1}{h} = a^x \ln a$$

이다.

(2) (1)의 증명과정에서 $a = e$ 라 두면 $\dfrac{d}{dx}(e^x) = e^x \ln e = e^x$ 이다. ∎

유용한 극한

$$\lim_{h \to 0} \frac{a^h - 1}{h} = \ln a \ (a > 0, a \neq 1)$$

지수함수와 연쇄법칙

(1) $\dfrac{d}{dx}\left[a^{f(x)}\right] = \left[a^{f(x)} \ln a\right] f'(x) \ (a > 0, a \neq 1)$

(2) $\dfrac{d}{dx}\left[e^{f(x)}\right] = \left[e^{f(x)}\right] f'(x)$

다음 함수의 도함수를 구하여라.

(a) $y = e^{x^2}$ 　　　　　　　　　　　　(b) $y = x \left(\dfrac{1}{2} \right)^{\frac{1}{x}}$

풀이

(a) $\dfrac{d}{dx}\left[e^{f(x)} \right] = \left[e^{f(x)} \right] f(x)'$ 이므로 $y' = e^{x^2}(x^2)' = 2x\,e^{x^2}$ 이다.

(b) $y = x\left(\dfrac{1}{2} \right)^{\frac{1}{x}} = x\,2^{-\frac{1}{x}}$ 이므로

$$y' = 2^{-\frac{1}{x}} + x\,2^{-\frac{1}{x}} \ln 2 \; x^{-2} = 2^{-\frac{1}{x}}\left(1 + \frac{\ln 2}{x} \right)$$

이다.

◐ 로그함수의 도함수

정리 4.3.8　　**자연로그함수의 도함수**

(1) $\dfrac{d}{dx}(\ln x) = \dfrac{1}{x}$ $(x > 0)$

(2) $\dfrac{d}{dx}(\log_a x) = \dfrac{1}{\ln a}\dfrac{1}{x}$ $(a > 0,\ a \neq 1,\ x > 0)$

증명

(1) 음함수 미분을 이용하여 자연로그함수의 도함수를 구해보자.

　　$y = \ln x$ 라 두자. 자연로그함수의 성질에 의하여 $e^y = x$ 이다. 양변을 x 에 관하여 미분하면 $e^y\,y' = 1$ 이다. 즉,

$$y' = \frac{1}{e^y} = \frac{1}{e^{\ln x}} = \frac{1}{x}$$

이다.

(2) $\log_a x = \dfrac{\ln x}{\ln a}$ 이므로 $\dfrac{d}{dx}(\log_a x) = \dfrac{d}{dx}\left(\dfrac{1}{\ln a}\ln x \right) = \dfrac{1}{\ln a}\dfrac{1}{x}$ 이다. ▪

$y = x^2 \ln x$ 의 도함수를 구하여라.

풀이

$$\frac{d}{dx} y = (x^2)' \ln x + x^2 (\ln x)' = 2x \ln x + x$$

로그함수와 연쇄법칙

(1) $\dfrac{d}{dx} [\ln f(x)] = \dfrac{f'(x)}{f(x)}$ $(f(x) > 0)$

(2) $\dfrac{d}{dx} [\log_a f(x)] = \dfrac{1}{\ln a} \left(\dfrac{f'(x)}{f(x)} \right)$ $(a > 0, a \neq 1, f(x) > 0)$

예제 4.3.6 연쇄법칙을 이용한 로그함수의 미분

(a) $y = \ln|x|, \ x \neq 0$

(b) $y = \ln(x^2 + 1)$

(c) $y = \ln|\tan x|, \ \tan x \neq 0$

(d) $y = \log_3(\sin x), \ 0 < x < \pi$

풀이

(a) $|x| = \begin{cases} x, & x > 0 \\ -x, & x < 0 \end{cases}$ 이므로 $y = \begin{cases} \ln x, & x > 0 \\ \ln(-x), & x < 0 \end{cases}$ 이다.

 $x > 0$인 경우 $\dfrac{d}{dx} y = \dfrac{d}{dx} \ln x = \dfrac{1}{x}$,

 $x < 0$인 경우 $\dfrac{d}{dx} y = \dfrac{d}{dx} [\ln(-x)] = \dfrac{(-x)'}{-x} = \dfrac{-1}{-x} = \dfrac{1}{x}$ 이다. 그러므로

$$\frac{d}{dx}(\ln|x|) = \frac{1}{x}$$

이다.

(b) $\dfrac{d}{dx} \ln(x^2 + 1) = \dfrac{(x^2 + 1)'}{(x^2 + 1)} = \dfrac{2x}{x^2 + 1}$

(c) $\dfrac{d}{dx} \ln|\tan x| = \dfrac{(\tan x)'}{(\tan x)} = \dfrac{\sec^2 x}{\tan x} = \dfrac{1}{\sin x \cos x}$

(d) $\dfrac{d}{dx}\log_3(\sin x) = \dfrac{d}{dx}\dfrac{\ln(\sin x)}{\ln 3} = \dfrac{1}{\ln 3}\dfrac{(\sin x)'}{(\sin x)} = \dfrac{1}{\ln 3}\dfrac{\cos x}{\sin x}$

◐ 로그를 이용한 미분

함수의 모양이 지수형태 $f(x)^{g(x)}$의 함수인 경우 주어진 함수에 로그함수를 이용하여 미분하면 편리하다.

예제 4.3.7 로그를 이용한 미분

$f(x) = x^{\frac{1}{x}}\,(x>0)$의 도함수를 구하여라.

[풀이]

다음 세 가지 단계에 따라 도함수를 구해보자.

(1) $f(x)$에 자연로그함수를 취한 뒤 자연로그의 성질에 따라 식을 간단히 한다.

$$\ln f(x) = \ln\left(x^{\frac{1}{x}}\right) = \frac{1}{x}\ln x$$

(2) $\ln f(x)$의 도함수를 구한다.

$$[\ln f(x)]' = \left(\frac{1}{x}\right)'\ln x + \frac{1}{x}(\ln x)' = -\frac{1}{x^2}\ln x + \frac{1}{x^2} = \frac{1}{x^2}(1-\ln x)$$

(3) $[\ln f(x)]' = \dfrac{f'(x)}{f(x)}$임을 이용하여 $f'(x)$에 대하여 정리한다.

$$f'(x) = f(x)\left[\frac{1}{x^2}(1-\ln x)\right] = x^{\frac{1}{x}-2}(1-\ln x)$$

이다.

$0 < x < \dfrac{\pi}{2}$ 일 때 $f(x) = \sin^2 x \cos^3 x$ 의 도함수를 구하여라.

풀이

주어진 함수는 곱의 미분을 사용하여 도함수를 구할 수도 있다. 여기서는 로그를 이용하여 구해보자.

(1) $\ln f(x) = 2 \ln \sin x + 3 \ln \cos x$

(2) $\dfrac{f'(x)}{f(x)} = 2 \dfrac{\cos x}{\sin x} + 3 \dfrac{(-\sin x)}{\cos x}$

(3) $f'(x) = \sin^2 x \cos^3 x \left[2 \dfrac{\cos x}{\sin x} + 3 \dfrac{(-\sin x)}{\cos x} \right] = 2 \sin x \cos^4 x - 3 \sin^3 x \cos^2 x$ 이다.

1. 도함수의 정의를 이용하여 다음을 증명하여라.

(1) $\dfrac{d}{dx}(\cos x) = -\sin x$ (2) $\dfrac{d}{dx}(\sec x) = \sec x \tan x$

2. 다음 함수의 도함수를 구하여라.

(1) $y = \sin(x^\circ)$ (2) $y = \cos \pi x$

(3) $f(x) = 2\tan(4x+1)$ (4) $g(x) = \sec(x^2)$

(5) $h(\theta) = \cos(2\theta^3 - \theta^2 + 1)$ (6) $y = e^{-x^2}$

(7) $y = (e^{-2x} + e^{2x})^2$ (8) $y = \ln(x\sin x)$

(9) $y = \dfrac{1}{x} - x\sqrt{x}$ (10) $y = \ln(\sec^2 x)$

3. 주어진 점에서 접선의 방정식을 구하여라.

(1) $y = \sin 3x, \ (\pi, 0)$

(2) $y = 2\sec^2 x, \ \left(\dfrac{\pi}{3}, 8\right)$

(3) $y = x\ln x - \dfrac{1}{x}, \ (1, -1)$

4. 다음 함수의 2계 도함수를 구하여라.

(1) $y = x\,3^{-2x}$ (2) $y = \sin^2(\pi x)$

5. 다음 함수의 도함수를 구하여라.

(1) $e^{xy} + x - y = 0$

(2) $\ln y^2 = e^x y$

(3) $x = \dfrac{1}{2}\ln(y^3 - y^2)$

● 4.4 평균값 정리

미적분학에서 중요하게 사용되는 정리 중에는 최대최소 정리, 롤의 정리, 평균값 정리, 미적분학의 기본정리 등이 있다. 롤의 정리는 구간의 양 끝점의 함숫값이 같으면 구간 내의 점에서의 접선의 기울기가 0이 되는 점 c가 적어도 하나 존재함을 의미한다.

정리 4.4.1 ◆ **롤(Rolle)의 정리**

함수 $f(x)$가 $[a, b]$에서 연속이고 (a, b)에서 미분가능할 때, $f(a) = f(b)$이면 $f'(c) = 0$인 c가 a와 b 사이에 적어도 하나 존재한다.

그래프를 이용하여 롤의 정리의 의미를 확인해 보자.

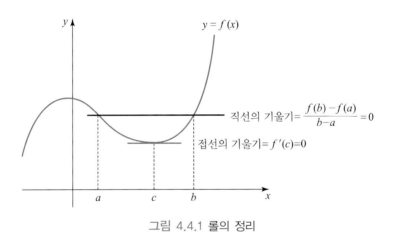

그림 4.4.1 롤의 정리

예제 4.4.1 **롤의 정리를 만족하는 값 찾기**

$f(x) = x^2 - x$일 때 구간 $[0, 1]$에서 롤의 정리를 만족하는 c를 구하여라.

풀이

$f(x) = x^2 - x$는 다항함수이므로 실수 전체에서 연속이고 미분가능하다. 즉, f는 $[0, 1]$에서 연속이고 $(0, 1)$에서 미분가능하며

$$f(0) = 0 = f(1)$$

이므로 롤의 정리에 의하여 $f'(c) = 0$, 즉 접선의 기울기가 0이 되는 점 c가 0과 1 사이에 존재한다. $f'(x) = 2x - 1$이므로

$$f'(c) = 2c - 1 = 0 \implies c = \frac{1}{2}$$

이다. $\frac{1}{2} \in (0,1)$이므로 $c = \frac{1}{2}$일 때 $f(x) = x^2 - x$는 수평접선을 갖는다.

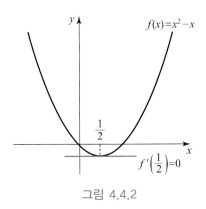

그림 4.4.2

평균값 정리는 롤의 정리로부터 유도되며 구간의 양 끝점을 연결한 직선과 같은 기울기를 가지는 점이 구간 내에 존재한다는 것이다.

정리 4.4.2 ● **평균값 정리(mean value theorem)**

함수 $f(x)$가 $[a, b]$에서 연속이고 (a, b)에서 미분가능하면

$$f'(c) = \frac{f(b) - f(a)}{b - a}$$

인 c가 a와 b 사이에 적어도 하나 존재한다.

증명

두 점 $(a, f(a))$와 $(b, f(b))$를 지나는 직선의 방정식은

$$y - f(a) = \frac{f(b) - f(a)}{b - a}(x - a)$$

이다.

$f(x)$와 직선의 방정식의 차로 새로운 함수 $g(x)$를 구성하면

$$g(x) = f(x) - \left[\frac{f(b) - f(a)}{b - a}(x - a) + f(a) \right]$$

이다. $f(x)$와 직선의 방정식이 $[a, b]$에서 연속이고 (a, b)에서 미분가능하므로 $g(x)$도 $[a, b]$

에서 연속이고 (a, b)에서 미분가능하다. $g(a) = 0 = g(b)$이므로 롤의 정리에 의하여 $g'(c) = 0$인 c가 구간 (a, b)에 존재한다.

$$g'(x) = f'(x) - \frac{f(b) - f(a)}{b - a}$$

이므로 $g'(c) = 0$는 $f'(c) - \frac{f(b) - f(a)}{b - a} = 0$과 같다. 즉, $f'(c) = \frac{f(b) - f(a)}{b - a}$인 c가 a와 b 사이에 적어도 하나 존재한다.　■

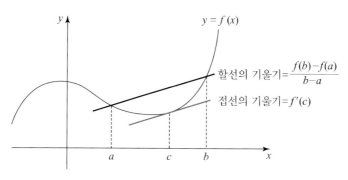

그림 4.4.3 평균값 정리

예제 4.4.2　평균값 정리를 만족하는 값 찾기

$f(x) = x^3 + 2x$일 때 구간 $[1, 3]$에서 평균값 정리를 만족하는 c를 구하여라.

풀이

$f(x) = x^3 + 2x$는 다항함수이므로 실수 전체에서 연속이고 미분가능하다. 즉 f는 $[1, 3]$에서 연속이고 $(1, 3)$에서 미분가능이다. 평균값 정리에 의하여

$$f'(c) = \frac{f(3) - f(1)}{3 - 1}$$

를 만족하는 c가 1과 3 사이에 적어도 하나 존재한다. $f'(x) = 3x^2 + 2$이므로 $3c^2 + 2 = \frac{(3^3 + 2 \times 3) - (1^3 + 2 \times 1)}{3 - 1}$로부터 $c = \pm\sqrt{\frac{13}{3}}$이다. 이 중 1과 3 사이에 존재하는 $c = \sqrt{\frac{13}{3}}$이다.

다음은 평균값 정리로부터 유도된 미적분학에서 중요하게 사용되는 정리이다.

구간 I에서
(1) $f'(x) = 0$이면 I에서 함수 $f(x)$는 상수함수이다.
(2) $f'(x) > 0$이면 I에서 함수 $f(x)$는 증가함수이다.
(3) $f'(x) < 0$이면 I에서 함수 $f(x)$는 감소함수이다.

증명

구간 I에서 $f'(x)$가 존재하므로 $f(x)$는 구간 I에서 미분가능하고 연속이다.

임의의 $a, b \in I$에 대하여 $a < b$라 하자. 평균값 정리에 의하여

$$f'(c) = \frac{f(b) - f(a)}{b - a}$$

인 c가 a와 b 사이에 적어도 하나 존재한다. $c \in (a, b) \subseteq I$이다.

(1) $f'(c) = 0$이므로 $f(a) = f(b)$이다.

구간 내의 임의의 a, b에 대하여 함숫값이 동일하므로 I에서 $f(x)$는 상수함수이다.

(2) $f'(c) > 0$이므로 $f(a) < f(b)$이다.

구간 내의 임의의 $a < b$에 대하여 $f(a) < f(b)$이므로 함수 $f(x)$는 I에서 증가함수이다.

(3) $f'(c) < 0$이므로 $f(a) > f(b)$이다.

구간 내의 임의의 $a < b$에 대하여 $f(a) > f(b)$이므로 함수 $f(x)$는 I에서 감소함수이다.

■

예제 4.4.3 **평균값 정리를 이용하여 감소구간 찾기**

함수 $f(x) = \dfrac{1}{3}x^3 - \dfrac{3}{2}x^2 + 2x$ 가 감소하는 구간을 찾아라.

풀이

$f'(x) = x^2 - 3x + 2 = (x - 1)(x - 2)$이다. 평균값 정리에 의하여 $f(x)$가 감소하는 구간은 $f'(x) < 0$인 구간 $1 < x < 2$이다.

정리 4.4.4 ●

구간 I에서 $f'(x) = g'(x)$이면 구간 I에서 함수 $f(x) = g(x) + C$이다. (C는 상수)

증명

$h(x) = f(x) - g(x)$라 두자. $h(x)$는 구간 I에서 미분가능하고 연속이다. 가정으로부터 $h'(x) = 0$이다. 정리 4.4.3에 의하여 $h(x)$는 I에서 상수함수이다. 즉,

$$f(x) = g(x) + C\,(C는\ 상수)$$

이다. ◻

1. 다음 함수가 주어진 구간에서 롤의 정리를 만족하는지 보이고 만족한다면 정리를 만족하는 c를 구하여라.

(1) $f(x) = x^3 - x$, $[-1, 1]$

(2) $f(x) = x^2 - 5x + 3$, $[0, 3]$

2. 다음 함수가 주어진 구간에서 미분의 평균값 정리를 만족하는지 보이고 만족한다면 정리를 만족하는 c를 구하여라.

(1) $f(x) = x^3$, $[2, 4]$

(2) $g(x) = \dfrac{2}{x} - 3$, $[-1, 1]$

3. 방정식 $x^5 + 3x - 1 = 0$은 구간 $(0, 1)$에서 오직 한 개의 실근을 가짐을 보여라.

4. 함수 $f(x) = \left(x^2 - 1\right)^{\frac{3}{2}}$의 증가, 감소구간을 구하여라.

5. 미분가능한 함수 $f(x)$가 모든 $x \in [0, 2]$에 대하여 $f'(x) \leq -3$이고 $f(1) = 6$이라 할 때 다음을 보여라.

(1) $f(2) \leq 3$

(2) $f(0) \geq 9$

4.5 부정형과 로피탈 법칙

부정형

3.3절에서 $\lim\limits_{x \to 1} \dfrac{x^2 + x - 2}{x - 1}$ 은 $x \to 1$ 일 때 $(x^2 + x - 2) \to 0$, $(x - 1) \to 0$ 이고 $\dfrac{0}{0}$ 은 정의

되지 않지만 $x \neq 1$ 이므로 공통인수를 소거하여 극한

$$\lim_{x \to 1} \frac{x^2 + x - 2}{x - 1} = \lim_{x \to 1} (x + 2) = 3$$

을 구할 수 있었다. 하지만 $\lim\limits_{x \to 0} \dfrac{\sin x}{x}$ 의 경우에는 이 방법을 적용하여 구할 수 없다.

$\lim\limits_{x \to 0} \dfrac{\sin x}{x}$ 나 $\lim\limits_{x \to \infty} \dfrac{\ln x}{x}$ 와 같이

$$\lim_{x \to a} \frac{f(x)}{g(x)}$$

에서 $x \to a$ 일 때 $\dfrac{0}{0}$ 의 꼴이거나 $\dfrac{\infty}{\infty}$ 의 꼴의 **부정형**(indeterminate form)에 대한 극한은
로피탈 법칙을 이용하여 구할 수 있다.

로피탈 법칙

> **정리 4.5.1**   **로피탈 법칙(L'Hospital's rule)**
>
> 두 함수 f, g 는 a 근방에서 미분가능이고 $g'(x) \neq 0$ 이라고 하자.
> $\lim\limits_{x \to a} f(x) = \lim\limits_{x \to a} g(x) = 0$ 이거나 $\lim\limits_{x \to a} |f(x)| = \lim\limits_{x \to a} |g(x)| = \infty$ 이고
>
> $$\lim_{x \to a} \frac{f'(x)}{g'(x)} = L$$
>
> 이면
>
> $$\lim_{x \to a} \frac{f(x)}{g(x)} = L$$
>
> 이다.

㊟ 로피탈 법칙은 프랑스 수학자 로피탈의 미적분학 교재에 처음 소개되었지만 스위스 수학자 베르누
이가 먼저 발견하였다. 로피탈 법칙은 $\lim\limits_{x \to a^+}$, $\lim\limits_{x \to a}$, $\lim\limits_{x \to \pm\infty}$ 에 대해서도 적용된다. 분수식의 형태가 $\dfrac{0}{0}$ 꼴

이거나 $\dfrac{\infty}{\infty}$ 꼴의 부정형인지 확인한 뒤에 로피탈 법칙을 적용한다. 이때 분수식 전체를 미분(몫의 미분법)하여 $\left(\dfrac{f}{g}\right)'$ 의 극한을 구하는 오류를 범하지 않도록 한다.

예제 3.3.8에서 $\lim\limits_{x \to 0} \dfrac{\sin x}{x}$ 는 조임정리를 이용하여 기하학적 접근으로 구할 수 있었지만 로피탈 법칙을 이용하면 간단히 구할 수 있다.

예제 4.5.1 $\dfrac{0}{0}$ 꼴의 부정형

$\lim\limits_{x \to 0} \dfrac{\sin x}{x}$ 을 구하여라.

풀이

$\lim\limits_{x \to 0} \sin x = 0$ 이고 $\lim\limits_{x \to 0} x = 0$ 이므로 로피탈 법칙에 의하여

$$\lim_{x \to 0} \frac{\sin x}{x} = \lim_{x \to 0} \frac{\cos x}{1} = 1$$

이다.

로피탈 법칙은 반복 적용이 가능하다.

예제 4.5.2 로피탈 법칙 반복 적용

$\lim\limits_{x \to 0} \dfrac{\cos x - 1}{x^2}$ 을 구하여라.

풀이

$\lim\limits_{x \to 0} (\cos x - 1) = 0$ 이고 $\lim\limits_{x \to 0} x^2 = 0$ 이므로 로피탈 법칙에 의하여

$$\lim_{x \to 0} \frac{\cos x - 1}{x^2} = \lim_{x \to 0} \frac{-\sin x}{2x}$$

이다. 여기서 $\lim\limits_{x \to 0} (-\sin x) = 0$ 이고 $\lim\limits_{x \to 0} 2x = 0$ 이므로 로피탈 법칙을 다시 적용할 수 있다. 그러므로

$$\lim_{x \to 0} \frac{\cos x - 1}{x^2} = \lim_{x \to 0} \frac{-\cos x}{2} = -\frac{1}{2}$$

이다.

예제 4.5.3 $\dfrac{\infty}{\infty}$꼴의 부정형 ────────────────────────

$\displaystyle\lim_{x \to \infty} \dfrac{\ln x}{x}$ 을 구하여라.

[풀이]

$\displaystyle\lim_{x \to \infty} \ln x = \infty$ 이고 $\displaystyle\lim_{x \to \infty} x = \infty$ 이므로 로피탈 법칙에 의하여

$$\lim_{x \to \infty} \frac{\ln x}{x} = \lim_{x \to \infty} \frac{\dfrac{1}{x}}{1} = 0$$

이다.

○ 여러 가지 부정형

부정형은 $\dfrac{0}{0}$ 나 $\dfrac{\infty}{\infty}$ 꼴 외에도 $\infty - \infty$, $0 \times \infty$, 0^0, ∞^0, 1^∞ 이 있다. 로피탈 법칙을 적용할 수 없는 형태의 부정형은 $\dfrac{0}{0}$ 나 $\dfrac{\infty}{\infty}$ 꼴로 바꾼 뒤 로피탈 법칙을 적용한다.

$\infty - \infty$ 꼴의 부정형은 통분이나 유리화를 이용하여 $\dfrac{0}{0}$ 나 $\dfrac{\infty}{\infty}$ 의 꼴로 바꾼다.

예제 4.5.4 $\infty - \infty$ 꼴의 부정형 ────────────────────────

$\displaystyle\lim_{x \to \left(\frac{\pi}{2}\right)^-} (\sec x - \tan x)$을 구하여라.

[풀이]

$\infty - \infty$ 꼴의 부정형이므로

$$\lim_{x \to \left(\frac{\pi}{2}\right)^-} (\sec x - \tan x) = \lim_{x \to \left(\frac{\pi}{2}\right)^-} \left(\frac{1}{\cos x} - \frac{\sin x}{\cos x}\right)$$

$$= \lim_{x \to \left(\frac{\pi}{2}\right)^-} \left(\frac{1 - \sin x}{\cos x}\right) = \lim_{x \to \left(\frac{\pi}{2}\right)^-} \left(\frac{-\cos x}{-\sin x}\right) = 0$$

이다.

함수 곱 fg가 $0 \times \infty$인 경우 $\dfrac{0}{0}$나 $\dfrac{\infty}{\infty}$ 꼴이 되도록 fg을 $\dfrac{f}{1/g}$로 바꾼 뒤 로피탈 법칙을 적용한다.

예제 4.5.5 $0 \times \infty$ 꼴의 부정형

$\displaystyle\lim_{x \to 0^+} x \ln x$을 구하여라.

풀이

$0 \times \infty$ 꼴의 부정형이므로

$$\lim_{x \to 0^+} x \ln x = \lim_{x \to 0^+} \frac{\ln x}{1/x} = \lim_{x \to 0^+} \frac{1/x}{-1/x^2} = \lim_{x \to 0^+}(-x) = 0$$

이다.

$x \to a$일 때 $f^g \to 0^0$, ∞^0, 1^∞이고 $f(x) > 0$라고 하자. $y = f(x)^{g(x)}$로 두고 양변에 자연로그를 취하면

$$\ln y = \ln\left(f(x)^{g(x)}\right) = g(x) \ln(f(x))$$

이다. $x \to a$일 때 $g(x) \ln(f(x)) \to 0 \times \infty$이다. 예제 4.5.5에서 설명한 것과 같은 방법으로 극한을 구한다.

예제 4.5.6 0^0 꼴의 부정형

$\displaystyle\lim_{x \to 0^+} (\sin x)^x$을 구하여라.

풀이

0^0 꼴의 부정형이므로 $y = (\sin x)^x$로 두고 양변에 자연로그를 취하면

$$\ln y = \ln\left[(\sin x)^x\right] = x \ln(\sin x) = \frac{\ln(\sin x)}{1/x}$$

이다. 이 식의 양변에 극한을 취하면

$$\lim_{x \to 0^+} \ln y = \lim_{x \to 0^+} \frac{\ln(\sin x)}{1/x} = \lim_{x \to 0^+} \frac{\cot x}{-1/x^2}$$

$$= \lim_{x \to 0^+} \frac{-x^2}{\tan x} = \lim_{x \to 0^+} \frac{-2x}{\sec^2 x} = 0$$

이다. e^x는 연속함수이므로 정리 3.4.3에 의하여

$$\lim_{x \to 0^+} y = \lim_{x \to 0^+} e^{\ln y} = e^{\lim_{x \to 0^+} \ln y} = e^0 = 1$$

이다.

예제 4.5.7 ∞^0꼴의 부정형 ————————————————————

$\displaystyle \lim_{x \to 0^+} \left(\frac{1}{x} \right)^{\sin x}$ 을 구하여라.

풀이

∞^0꼴의 부정형이므로 $y = \left(\dfrac{1}{x} \right)^{\sin x}$ 로 두고 양변에 자연로그를 취하면

$$\ln y = \ln \left(\frac{1}{x} \right)^{\sin x} = -\sin x \ln x = -\frac{\ln x}{\csc x}$$

이다. 이 식의 양변에 극한을 취하면

$$\lim_{x \to 0^+} \ln y = \lim_{x \to 0^+} -\frac{\ln x}{\csc x} = \lim_{x \to 0^+} -\frac{1/x}{-\csc x \cot x}$$

$$= \lim_{x \to 0^+} \left(\frac{\sin x}{x} \right) \left(\frac{\sin x}{\cos x} \right) = 0$$

이다. 그러므로

$$\lim_{x \to 0^+} y = \lim_{x \to 0^+} e^{\ln y} = e^{\lim_{x \to 0^+} \ln y} = e^0 = 1$$

이다.

예제 4.5.8 1^∞ 꼴의 부정형 ————————————————————

$\displaystyle \lim_{x \to 0^+} (1+x)^{\frac{1}{x}} = e$ 을 보여라.

풀이

1^∞꼴의 부정형이므로 $y = (1+x)^{\frac{1}{x}}$ 라고 두고 양변에 자연로그를 취하면

$$\ln y = \ln\left(1+x\right)^{\frac{1}{x}} = \frac{1}{x}\ln(1+x)$$

이다. 이 식의 양변에 극한을 취하면

$$\lim_{x\to 0^+} \ln y = \lim_{x\to 0^+} \frac{\ln(1+x)}{x}$$

이다. $\dfrac{0}{0}$ 꼴의 부정형이므로 로피탈 법칙을 적용하면

$$\lim_{x\to 0^+} \ln y = \lim_{x\to 0^+} \frac{\ln(1+x)}{x} = \lim_{x\to 0^+} \frac{\dfrac{1}{1+x}}{1} = 1$$

이다. 그러므로

$$\lim_{x\to 0^+} y = \lim_{x\to 0^+} e^{\ln y} = e^{\lim_{x\to 0^+}\ln y} = e^1 = e$$

이다.

1. 다음 극한을 구하여라.

(1) $\displaystyle \lim_{x \to 0} \frac{a^x - 1}{x}$

(2) $\displaystyle \lim_{x \to \infty} \frac{x^2}{e^x}$

(3) $\displaystyle \lim_{x \to 0} \frac{x - \sin x}{x^3}$

(4) $\displaystyle \lim_{x \to \infty} \frac{e^x + x^2}{e^x + 4x}$

(5) $\displaystyle \lim_{x \to \infty} \frac{\ln x}{\sqrt[3]{x}}$

(6) $\displaystyle \lim_{x \to 0} \frac{5^x - 4^x}{3^x - 2^x}$

(7) $\displaystyle \lim_{x \to 0} (\csc x - \cot x)$

(8) $\displaystyle \lim_{x \to 1^+} \left(\frac{1}{x-1} - \frac{1}{\ln x} \right)$

(9) $\displaystyle \lim_{x \to 0^+} \sin x \ln x$

(10) $\displaystyle \lim_{x \to 0^+} x^x$

(11) $\displaystyle \lim_{x \to \infty} \left(1 + 2^x \right)^{\frac{1}{x}}$

(12) $\displaystyle \lim_{x \to 0} \left(1 - 3x \right)^{\frac{1}{x}}$

2. 원금 P_0 원을 연이율 r 로 연간 n 번에 걸쳐서 복리로 이자가 지급되는 예금 상품에 가입하면, t 년 뒤의 원리합계는 $P = P_0 \left(1 + \dfrac{r}{n} \right)^{nt}$ 이다. $n \to \infty$ 일 때 연속 복리라고 한다. 로피탈 법칙을 이용하여 t 년 뒤 원리합계가 $P = P_0 e^{rt}$ 임을 보여라.

4.6 극값

함수의 미분을 이용하여 최적화 문제를 해결할 수 있다. 먼저 함수의 극댓값과 극솟값의 정의를 살펴보자.

○ 극댓값과 극솟값

정의 4.6.1 극댓값, 극솟값, 극값, 극점

함수 $y = f(x)$의 정의역이 D이고, $c \in D$라고 하자.

(1) 점 c의 근방의 모든 $x \in (a, b)$에 대하여

  $f(c) \geq f(x)$이면 $f(c)$를 함수 f의 **극댓값**(local maximum)이라고 한다.

(2) 점 c의 근방의 모든 $x \in (a, b)$에 대하여

  $f(c) \leq f(x)$이면 $f(c)$를 함수 f의 **극솟값**(local minimum)이라고 한다.

(3) 극댓값 또는 극솟값인 $f(c)$를 함수 f의 **극값**이라고 하고 점 $(c, f(c))$를 **극점**이라고 한다.

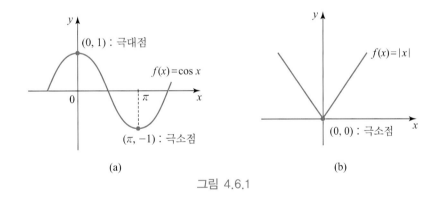

그림 4.6.1

정의 4.6.2 임계점

함수 f의 정의역 안에 있는 점 c에 대하여 $f'(c) = 0$이거나 $f'(c)$가 존재하지 않을 때 점 c를 f의 **임계점**(critical point)이라고 한다.

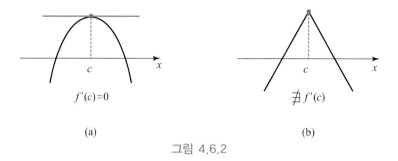

$f'(c)=0$

(a)

$\nexists f'(c)$

(b)

그림 4.6.2

● 임계점 정리

$f(c)$가 함수 f의 극값이면 c는 f의 임계점이다.

정리 4.6.3에 대한 역은 성립하지 않는다.

예제 4.6.1

함수 $f(x) = x^3$에 대하여 $x = 0$이 임계점임을 보이고 이 점에서 극값을 가지는지 확인하여라.

풀이

$f'(x) = 3x^2$이고 $f'(0) = 0$이므로 $x = 0$은 임계점이다.

그림 4.6.3의 $f(x) = x^3$의 그래프에서 $f(0) = 0$은 극댓값도 극솟값도 아니다.

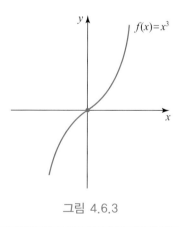

그림 4.6.3

일계도함수와 이계도함수 판정법을 이용하여 극값을 판정할 수 있다.

일계도함수 판정법

함수 f는 구간 (a, b)에서 미분가능하고 점 $c \in (a, b)$가 f의 임계점이라고 하자.

(1) $f'(x)$의 부호가 c근방에서 양에서 음으로 바뀌면 $f(c)$는 극댓값이다.

(2) $f'(x)$의 부호가 c근방에서 음에서 양으로 바뀌면 $f(c)$는 극솟값이다.

(3) $f'(x)$의 부호가 c근방에서 부호의 변화가 없으면 $f(c)$는 극값이 아니다.

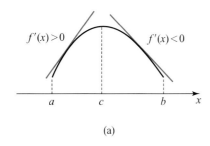
(a)

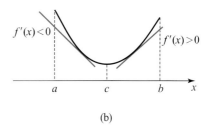
(b)

그림 4.6.4

예제 4.6.2   일계도함수 판정법 이용하기

함수 $f(x) = x^3 + 3x^2 - 9x + 1$의 극댓값과 극솟값을 구하여라.

풀이

함수 f는 모든 점에서 미분가능하다.

$$f'(x) = 3x^2 + 6x - 9 = 3(x^2 + 2x - 3) = 3(x - 1)(x + 3)$$

이므로 임계점은 $x = 1$, $x = -3$이다.

$x < -3$인 모든 x에 대하여 $f'(x) > 0$이고 $-3 < x < 1$인 모든 x에 대하여 $f'(x) < 0$이며 $x > 1$인 모든 x에 대하여 $f'(x) > 0$이다. 일계도함수 판정법에 의하여 극댓값 $f(-3) = 28$, 극솟값 $f(1) = -4$이다.

이계도함수 판정법

함수 f가 이계미분가능하고 $f'(c) = 0$이라고 하자.

(1) $f''(c) < 0$이면 $f(c)$는 극댓값이다.

(2) $f''(c) > 0$이면 $f(c)$는 극솟값이다.

(3) $f''(c) = 0$이거나 $f''(c)$가 존재하지 않는 경우에는 판정할 수 없다.

주 이계도함수를 구하기 쉬운 함수에 대하여 이계도함수 판정법을 사용하며 (3)의 경우에는 일계도함수 판정법을 이용하여 극값을 판별한다.

예제 4.6.3 이계도함수 판정법 이용하기

이계도함수 판정법을 이용하여 함수 $f(x) = x^3 - 3x$의 극값을 구하여라.

풀이

$$f'(x) = 3x^2 - 3 = 3(x+1)(x-1)$$

이므로 임계점은 $x = -1, x = 1$이다.

$$f''(x) = 6x$$

이므로 $f''(-1) = -6 < 0$이고 $f''(1) = 6 > 0$이다.

이계도함수 판정법에 의하여 극댓값 $f(-1) = 2$, 극솟값 $f(1) = -2$이다.

예제 4.6.4 이계도함수 판정법을 이용할 수 없는 경우

함수 $f(x) = x^4$의 극값을 구하여라.

풀이

$f'(x) = 4x^3$이므로 임계점은 $x = 0$이다. $f''(x) = 12x^2$이고 $f''(0) = 0$이므로 이계도함수 판정법을 이용하여 극값을 판정할 수 없다.

그러므로 이 경우에는 일계도함수 판정법을 이용하여 극값을 판정한다.

$$x < 0$$이면 $f'(x) < 0$이고 $x > 0$이면 $f'(x) > 0$

이므로 일계도함수 판정법에 의하여 극솟값 $f(0) = 0$이다.

◉ 최댓값과 최솟값

정의 4.6.6 **최댓값, 최솟값, 절대극값**

함수 f의 정의역이 D이고, $a \in D$라고 하자.

(1) 모든 $x \in D$에 대하여

$f(a) \geq f(x)$이면 $f(a)$을 함수 f의 **최댓값**이라고 한다.

(2) 모든 $x \in D$에 대하여

$f(a) \le f(x)$이면 $f(a)$을 함수 f의 **최솟값**이라고 한다.

(3) 최댓값 또는 최솟값인 $f(a)$을 함수 f의 **절대극값**이라고 한다.

정리 3.4.8의 최대최소 정리에서 폐구간 $[a, b]$에서 연속인 함수 f는 최댓값과 최솟값 모두를 가진다는 것을 확인하였다. 이 구간에서 f는 극댓값, 극솟값, $f(a)$, $f(b)$ 중 가장 큰 값을 최댓값, 가장 작은 값을 최솟값으로 가진다.

예제 4.6.5　최댓값, 최솟값 구하기

구간 $[-2, 1]$에서 함수 $f(x) = x^3 - 6x^2 - 15x + 1$의 절대극값을 구하여라.

풀이

함수 f는 구간 $[-2, 1]$에서 연속이므로 최댓값과 최솟값을 갖는다.

$$f'(x) = 3x^2 - 12x - 15 = 3(x+1)(x-5)$$

이고 $x = 5 \notin [-2, 1]$이므로 임계점은 $x = -1$이다.

$$f''(x) = 6x - 12 이고 \ f''(-1) = -18 < 0$$

이므로 $f(-1) = 9$는 극댓값이다.

경계에서 함숫값이 $f(-2) = -1$, $f(1) = -19$이므로 f의 최댓값은 9, 최솟값은 -19이다.

◉ 최적화 문제

주변에서 나타나는 여러 가지 최적화 문제를 미분을 이용하여 해결할 수 있다.

최적화 문제 해결하는 순서

(1) 그림을 그리면서 문제를 파악한다.
(2) 주어진 양과 구해야 할 양을 확인하여 변수를 결정한다.
(3) 최소 또는 최대가 되는 양에 대한 방정식을 구한다.
(4) 독립변수에 대한 범위를 찾는다.
(5) 미분을 이용하여 최댓값과 최솟값을 찾는다.

예제 4.6.6

한 변의 길이가 20 cm인 정사각형 모양의 마분지가 있다. 마분지의 네 귀퉁이를 같은 크기의 정사각형으로 잘라서 뚜껑이 없는 상자를 만들려고 한다. 상자의 부피 최대가 되는 정사각형의 한 변의 길이를 구하여라.

풀이

그림 4.6.5와 같이 네 귀퉁이를 길이가 x cm인 정사각형으로 잘라 만든 상자의 부피를 V라고 하면

$$V = V(x) = x(20 - 2x)^2, \ 0 < x < 10$$

이다.

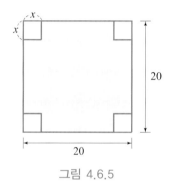

그림 4.6.5

$$\frac{dV}{dx} = (20 - 2x)^2 + 2x(20 - 2x)(-2)$$

$$= 4(x - 10)(3x - 10)$$

이고 $\left.\dfrac{d^2 V}{dx^2}\right|_{x = \frac{10}{3}} = (24x - 160)\Big|_{x = \frac{10}{3}} < 0$이므로 $V\left(\dfrac{10}{3}\right)$는 극댓값이다. 그러므로 상자는 $x = \dfrac{10}{3}$일 때 최대 부피 $V\left(\dfrac{10}{3}\right) = \dfrac{16000}{27}$를 갖는다. 이때 한 변의 길이는

$$20 - 2x = 20 - \frac{20}{3} = \frac{40}{3}$$

이다.

원기둥 모양의 캔의 겉넓이를 $2\pi a^2$으로 일정하게 유지하면서 부피를 최대로 하려고 할 때 이 캔의 밑면의 반지름 r과 높이 h의 비를 구하여라.

풀이

밑면의 반지름의 길이 r, 높이 h인 캔의 겉넓이 S는

$$S = 2\pi r^2 + 2\pi rh = 2\pi a^2$$

이다. 가정에 의하여

$$r^2 + rh = a^2$$

이므로 $h = \dfrac{1}{r}(a^2 - r^2)$이다. 이것을 부피 $V = \pi r^2 h$에 대입하면,

$$V = V(r) = \pi r^2 \times \frac{1}{r}(a^2 - r^2) = \pi(a^2 r - r^3)$$

이다. 높이 $h = \dfrac{1}{r}(a^2 - r^2) > 0$이므로 $0 < r < a$이다.

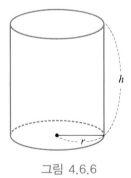

그림 4.6.6

$\dfrac{dV}{dr} = \pi(a^2 - 3r^2)$이므로 $r = \dfrac{a}{\sqrt{3}}$일 때 부피 V는 최대가 된다. 이때 $h = \dfrac{2}{\sqrt{3}}a$이므로

$$r : h = \frac{a}{\sqrt{3}} : \frac{2a}{\sqrt{3}} = 1 : 2$$

이다.

1. 다음 함수의 극값을 구하여라.

  (1) $f(x) = -3x^2 + 6x + 2$

  (2) $f(x) = x^3 + 3x^2 - 1$

  (3) $f(x) = x^3 - 6x^2 + 12x - 9$

  (4) $f(x) = -2x^3 - 3x^2 + 1$

  (5) $f(x) = 2x^4 + 1$

2. 주어진 구간에서 함수의 최댓값과 최솟값을 구하여라.

  (1) $f(x) = 2x^2 + 4x - 2$, $[-3, 0]$

  (2) $f(x) = x^3 - 3x^2 + 1$, $[1, 4]$

3. 곡선 $y = -x^2 + 3$와 x축으로 둘러싸인 영역에 내접하는 직사각형의 최대 넓이를 구하여라.

4. 반지름의 길이가 1인 반원에 내접하는 넓이가 가장 큰 직사각형의 크기를 구하여라.

5. 점 $(4, 1)$과 가장 가까운 포물선 $y = \dfrac{1}{2}x^2$ 위의 점을 구하여라.

6. 20채의 아파트를 소유하고 있는 집주인은 월세가 100만 원일 때 모든 아파트가 임대된다는 것을 알고 있다. 평균적으로 월세를 10만 원씩 올릴 때마다 아파트가 한 채씩 빈다고 할 때 집주인의 수입을 최대로 하려면 월세를 얼마로 해야 하는지 구하여라.

1. 함수 $f(x) = \begin{cases} x\tan^{-1}\dfrac{1}{x}, & x \neq 0 \\ 0, & x = 0 \end{cases}$에 대하여 $x = 0$에서의 미분가능성을 조사하여라.

2. 다음 함수의 도함수를 구하여라.

(1) $y = (\ln 5x)^4$ 　　　　　　　　　　　　(2) $y = (2x+1)^4(3x-1)$

(3) $y = \sin^{-1}x + \tan^{-1}(3x)$ 　　　　(4) $y = e^{\sec^{-1}(2x)}$

(5) $y = \sqrt[4]{\dfrac{3-2x^2}{3+2x^2}}$ 　　　　　　　(6) $y = \log_3(\cos^{-1}x)$

(7) $y = (\sin x)^{\tan x}$ 　　　　　　　　　(8) $y = 3^{x^x}$

3. 곡선 $x^2y^2 + 3x = 4y$ 위의 점 $(1, 1)$에서의 접선의 방정식을 구하여라.

4. $-1 < x < 1$일 때 $f(x) = 4x^2 - 1 + \tan\dfrac{\pi}{2}x$에 대하여 $(f^{-1})'(1)$을 구하여라.

5. 다음 극한을 구하여라.

(1) $\displaystyle\lim_{x \to \frac{\pi}{2}}\left(\tan x \ln(\sin x)\right)$ 　　　　　(2) $\displaystyle\lim_{x \to \infty}\sqrt[x]{x}$

(3) $\displaystyle\lim_{x \to 1^+}\dfrac{\sin(x-1)}{\sqrt{x-1}}$ 　　　　　　(4) $\displaystyle\lim_{x \to \infty}\left(\dfrac{x+2}{x-2}\right)^x$

6. $f(x) = \cos x - 2x$가 실수 전체에서 감소함수임을 보여라.

7. $0 < x < \dfrac{\pi}{2}$일 때 부등식 $\tan x > x$임을 보여라.

8. 미분의 평균값 정리를 이용하여 $\displaystyle\lim_{x \to 0^+}\dfrac{2^{\tan x} - 2^x}{\tan x - x}$을 구하여라.

9. 임의의 실수 u, v에 대하여 $|\cos u - \cos v| \le |u - v|$임을 보여라.

10. 함수 $f(x) = \dfrac{ax^2 + 2x + b}{x^2 + 1}$ 가 $x = 1$에서 극댓값 5를 가지도록 하는 상수 a, b를 구하여라.

5

적분

5.1 부정적분

함수 $f(x)$로부터 도함수 $\dfrac{d}{dx}f(x)$를 구하는 과정을 미분이라 하고 $\dfrac{d}{dx}F(x)$로부터 $F(x)$를 구하는 과정을 **역미분**(anti-differentiation) 또는 **적분**(integration)이라고 한다. 일반적인 표현은 다음과 같다.

주어진 함수를 $f(x)$라고 할 때

$$\frac{d}{dx}F(x) = f(x) \text{인 } F(x)\text{를 구하는 과정을 적분}$$

이라고 하며

$$F(x)\text{를 } f(x)\text{의 역도함수(anti-derivative)}$$

라고 한다.

예제 5.1.1   역도함수 구하기 ─────────────────────────────

$f(x) = \sin 3x$ 의 역도함수를 구하여라.

풀이

$\dfrac{d}{dx}F(x) = \sin 3x$ 인 함수 $F(x)$를 구해보자.

$$\frac{d}{dx}\left(-\frac{1}{3}\cos 3x\right) = \sin 3x$$

이므로 $F(x) = -\dfrac{1}{3}\cos 3x$ 는 $f(x)$의 역도함수가 된다.

─── ●

임의의 상수 C에 대하여

$$\frac{d}{dx}\left(-\frac{1}{3}\cos 3x + C\right) = \sin 3x$$

이다.

$F(x)$가 $f(x)$의 역도함수이면 임의의 상수 C에 대하여 $F(x) + C$ 또한 $f(x)$의 역도함수이다. $F(x) + C$를 $f(x)$의 **일반적인 역도함수**(general anti-derivative)라 한다.

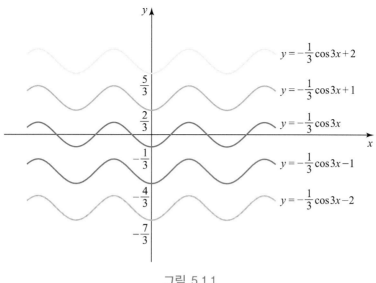

그림 5.1.1

그림 5.1.1은 $f(x) = \sin 3x$의 역도함수들 중 몇 개를 나타낸 것이다.

함수 $f(x)$의 모든 역도함수의 모임을 x에 관한 $f(x)$의 **부정적분**(indefinite integral)이라고 한다.

정의 5.1.1 ◑ 부정적분

$F(x)$가 $f(x)$의 한 역도함수일 때 $f(x)$의 부정적분은

$$\int f(x)\,dx = F(x) + C$$

로 정의한다. 여기서 C는 임의의 상수이다.

㊒ $\int$ 는 적분기호, $f(x)$는 피적분함수, x는 적분변수, C는 적분상수이다.

부정적분이 미분과 정적분의 연결고리가 됨을 5.3절 미적분학의 기본정리에서 다시 알아보도록 하자.

예제 5.1.2 부정적분 ─────────────────────

$\displaystyle \int \sin 3x \, dx$ 를 구하여라.

풀이

$\dfrac{d}{dx}\left(-\dfrac{1}{3}\cos 3x\right) = \sin 3x$ 이므로 $\displaystyle \int \sin 3x \, dx = -\dfrac{1}{3}\cos 3x + C$ 이다.

정리 5.1.2 ◀ 부정적분의 선형성

함수 $f(x)$와 $g(x)$와 상수 k에 대하여

$$\int [f(x) + k\,g(x)] \, dx = \int f(x)\,dx + k\int g(x)\,dx$$

이다.

예제 5.1.3 부정적분 ─────────────────────

$\displaystyle \int \left(x^2 + \cos x\right) dx$ 를 구하여라.

풀이

$\dfrac{d}{dx}\left(\dfrac{1}{3}x^3\right) = x^2,\ \dfrac{d}{dx}(\sin x) = \cos x$ 이므로

$$\int \left(x^2 + \cos x\right) dx = \int x^2 dx + \int \cos x \, dx = \frac{1}{3}x^3 + \sin x + C$$

이다.

정의 5.1.1에 $\dfrac{d}{dx}F(x) = f(x)$을 대입하면 적분과 미분은 서로 역과정임을 알 수 있다. 즉,

$$\int F'(x) \, dx = F(x) + C$$

이다. 또한

$$\frac{d}{dx}\left(\int f(x) \, dx\right) = \frac{d}{dx}[F(x) + C] = f(x)$$

이다.

그러므로 미분의 규칙을 역으로 적용하여 역도함수의 규칙, 적분공식을 이끌어 낼 수 있다.

정리 5.1.3 ● 기본적인 적분 공식

(1) $\displaystyle\int x^r\,dx = \frac{1}{r+1}x^{r+1} + C, \quad r \neq -1$

(2) $\displaystyle\int \cos x\,dx = \sin x + C$

(3) $\displaystyle\int \sin x\,dx = -\cos x + C$

(4) $\displaystyle\int \sec^2 x\,dx = \tan x + C$

(5) $\displaystyle\int \csc^2 x\,dx = -\cot x + C$

(6) $\displaystyle\int \sec x \tan x\,dx = \sec x + C$

(7) $\displaystyle\int \csc x \cot x\,dx = -\csc x + C$

(8) $\displaystyle\int e^x\,dx = e^x + C$

(9) $\displaystyle\int a^x\,dx = \frac{1}{\ln a}a^x + C$

(10) $\displaystyle\int \frac{1}{x}\,dx = \ln|x| + C$

예제 5.1.4   부정적분 구하기

다음 부정적분을 구하여라.

(a) $\displaystyle\int \left(\frac{3}{x} + e^x + \sqrt{x}\right)dx$

(b) $\displaystyle\int (y+1)(y-3)\,dy$

풀이

(a) $\displaystyle\int \left(\frac{3}{x} + e^x + \sqrt{x}\right)dx = 3\ln|x| + e^x + \frac{2}{3}x^{\frac{3}{2}} + C$

(b) $\displaystyle\int (y+1)(y-3)\,dy = \int (y^2 - 2y - 3)\,dy = \frac{1}{3}y^3 - y^2 - 3y + C$

1. 다음 부정적분을 구하여라.

   (1) $\displaystyle\int \frac{1}{x\sqrt{x}}dx$

   (2) $\displaystyle\int \sqrt[3]{x^4}\,dx$

   (3) $\displaystyle\int \frac{3}{x}dx$

   (4) $\displaystyle\int (e^x + e^{-x})dx$

   (5) $\displaystyle\int 3\sin 4x\,dx$

   (6) $\displaystyle\int \left(x - \frac{1}{x}\right)^2 dx$

2. $\displaystyle\int \ln x\,dx = x\ln|x| - x + C$ 일 때 $\displaystyle\int \ln(3x^2)dx$ 을 구하여라. $(x > 0)$

3. 다음 부정적분을 구하여라.

   (1) $\displaystyle\int \sin^2 x\,dx$

   (2) $\displaystyle\int \tan^2 x\,dx$

   (3) $\displaystyle\int \cos^2 x\,dx$

4. $\displaystyle\int \frac{\cos 2x}{\sin^2 x\cos^2 x}dx$ 을 구하여라.

5. $\displaystyle\int \frac{(\sqrt{2}\,x - 1)^2}{x(1 + 2x^2)}dx$ 을 구하여라.

☞ 5.2 정적분

삼각형의 넓이는 밑변의 길이와 높이의 곱의 절반이다. 일반적인 다각형의 넓이는 다각형을 삼각형으로 나누어 더하면 구할 수 있다. 이제 곡선으로 둘러싸인 영역의 넓이를 구하는 방법에 대하여 알아보자.

구간 $[a, b]$를 n개의 소구간으로 분할하고 소구간의 시작점과 끝점에 아래와 같이 표시하자.

$$a = x_0 < x_1 < \cdots < x_n = b$$

이다. i번째 소구간 $[x_{i-1}, x_i]$의 길이를 Δx_i 라 하면

$$\Delta x_i = x_i - x_{i-1} \ (i = 1, 2, \cdots, n)$$

이다. 특히 구간 $[a, b]$를 n등분하여 모든 소구간의 길이가 같은 분할을 **균등분할**이라 한다.

구간 $[a, b]$에서 $f(x) \geq 0$이면 각 소구간의 임의의 점 $x_i^* \in [x_{i-1}, x_i]$에 대하여 $\sum_{i=1}^{n} f(x_i^*)\Delta x_i$은 그림 5.2.1의 n개의 직사각형의 넓이의 합과 같다.

$$\sum_{i=1}^{n} f(x_i^*)\Delta x_i$$

을 분할 P에 대한 f의 **리만합**(Riemann sum)이라 한다.

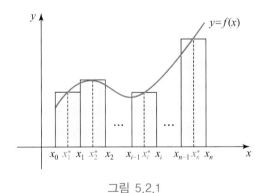

그림 5.2.1

그림 5.2.1을 보면 어떤 직사각형은 곡선보다 높이 있기도 하고 낮게 있기도 하지만 모든 직사각형들의 넓이의 합은 $x = a$, $x = b$와 $y = f(x)$로 둘러싸인 영역의 넓이 A에 근사함을 알 수 있다.

$$A \approx \sum_{i=1}^{n} f(x_i^*) \Delta x_i$$

이다.

예제 5.2.1 리만합 구하기

함수 $f(x) = 2x + 1$에 대하여

(a) 구간 $[1, 5]$의 분할이 $1 < 1.5 < 3 < 4.3 < 5$이고 $x_1^* = 1.3$, $x_2^* = 2$, $x_3^* = 3.6$, $x_4^* = 4.9$ 일 때 리만합 $\sum_{i=1}^{4} f(x_i^*) \Delta x_i$를 구하여라.

(b) 구간 $[1, 5]$의 분할이 8등분한 균등분할이고 $x_i^*(i = 1, 2, \cdots, 8)$을 각 소구간의 오른쪽 끝점으로 할 때 리만합 $\sum_{i=1}^{8} f(x_i^*) \Delta x_i$를 구하여라.

풀이

(a) $\sum_{i=1}^{4} f(x_i^*) \Delta x_i$

$= f(1.3)(0.5) + f(2)(0.6) + f(3.6)(1.3) + f(4.9)(0.7) = 23.02$이다.

(b) 구간 $[1, 5]$을 8등분하면 모든 $i = 1, 2, \cdots, 8$에 대하여 $\Delta x_i = \dfrac{1}{2}$이고 $x_i^* = 1 + \dfrac{i}{2}$이다. 그러므로

$$\sum_{i=1}^{8} f(x_i^*) \Delta x_i = \sum_{i=1}^{8} (3 + i)\frac{1}{2} = 30$$

이다.

구간 $[1, 5]$에서 $f(x) = 2x + 1$와 x축 사이의 사다리꼴 영역의 넓이는 28이다. 예제 5.2.1에서 구간 $[1, 5]$를 각각 4개, 8개의 소구간으로 분할하였을 때 f의 리만합은 사다리꼴 영역의 실제 넓이에 근사한다.

분할에서 소구간의 수를 많이 할수록 실제 넓이에 더 근사하다는 것을 알 수 있다. 리만합의 극한을 정적분으로 정의하고 이를 활용하면 두 개의 곡선으로 둘러싸인 영역의 넓이, 곡선의 길이 나아가 곡면의 넓이도 구할 수 있다.

정의 5.2.1 영역의 넓이

구간 $[a, b]$에서 정의된 함수 f에 대하여 f가 $[a, b]$에서 연속이고 $f(x) \geq 0$이면 $x = a$, $x = b$과 $y = f(x)$로 둘러싸인 영역의 넓이

$$A = \lim_{n \to \infty} \sum_{i=1}^{n} f(x_i^*) \Delta x_i$$

이다.

정의 5.2.2 정적분

구간 $[a, b]$에서 정의된 함수 f에 대하여 리만합의 극한

$$\lim_{n \to \infty} \sum_{i=1}^{n} f(x_i^*) \Delta x_i \quad (단, \ x_i^* \in [x_{i-1}, \ x_i], \ i = 1, 2, \cdots, n)$$

이 존재할 때 f는 구간 $[a, b]$에서 **적분가능**하다고 한다. 이때 극한

$$\lim_{n \to \infty} \sum_{i=1}^{n} f(x_i^*) \Delta x_i = \int_{a}^{b} f(x) dx$$

로 표기하며 함수 f의 구간 $[a, b]$에서의 **정적분**이라고 한다. 이때 a, b를 **적분한계**라 한다.

정적분의 정의를 이용하여 정적분의 여러 가지 성질을 얻는다.

정리 5.2.3 정적분의 성질

함수 f와 g가 구간 $[a, b]$에서 적분가능하고 k가 임의의 상수일 때 다음이 성립한다.

(1) $\displaystyle\int_{a}^{a} f(x) dx = 0$

(2) $\displaystyle\int_{a}^{b} f(x) dx = -\int_{b}^{a} f(x) dx$

(3) $\displaystyle\int_{a}^{b} f(x) dx = \int_{a}^{c} f(x) dx + \int_{c}^{b} f(x) dx$

(4) $\displaystyle\int_{a}^{b} kf(x) dx = k\int_{a}^{b} f(x) dx$

(5) $\displaystyle\int_{a}^{b} [f(x) \pm g(x)] dx = \int_{a}^{b} f(x) dx \pm \int_{a}^{b} g(x) dx$

모든 함수가 적분이 가능한 것은 아니다. 어떤 조건에서 함수가 적분이 가능한지 알아보자.

정리 5.2.4 ● 적분가능성에 대한 정리

함수 f가 구간 $[a, b]$에서 연속이면 적분가능하다.

정리 5.2.4의 역은 성립하지 않는다. 주어진 구간에서 불연속점이 유한개 존재하는 경우에도 적분은 가능하다.

예제 5.2.2 불연속 함수의 적분

함수 $f(x) = \begin{cases} 2 & , & x \leq 2 \\ x+1 & , & x > 2 \end{cases}$에 대하여 $\int_0^4 f(x)dx$를 구하여라.

풀이

구간 $[0, 4]$에서 함수 f는 $x = 2$에서만 불연속이다. 정리 5.2.3(3)에 의하여

$$\int_0^4 f(x)dx = \int_0^2 f(x)dx + \int_2^4 f(x)dx$$

이고 $\int_0^2 f(x)dx$ 은 그림 5.2.2의 직사각형 영역 R_1의 넓이와 같으므로 4이고 $\int_2^4 f(x)dx$ 는 사다리꼴 영역 R_2와 같으므로 8이다. 그러므로

$$\int_0^4 f(x)dx = 4 + 8 = 12$$

이다.

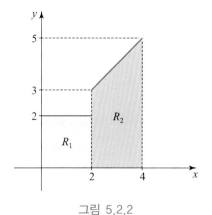

그림 5.2.2

모든 $x \in [a, b]$에 대하여 $g(x) \leq f(x)$이고 f와 g가 적분가능하면

$$\int_a^b g(x)dx \leq \int_a^b f(x)dx$$

이다.

(주) 모든 $x \in [a, b]$에 대하여 $-|f(x)| \leq f(x) \leq |f(x)|$이므로

$$-\int_a^b |f(x)|dx \leq \int_a^b f(x)\,dx \leq \int_a^b |f(x)|dx$$

을 만족한다. 즉,

$$\left| \int_a^b f(x)\,dx \right| \leq \int_a^b |f(x)|dx$$

이다.

1. 함수 $f(x) = x^2$에 대하여 구간 $[0, 2]$을 4개의 같은 크기의 소구간으로 분할할 때, $x_i^*\,(i = 1, 2, 3, 4)$를 각 소구간의 왼쪽 끝점이라 하자. 리만합 $\sum\limits_{i=1}^{4} f(x_i^*)\triangle x_i$를 구하여라.

2. $\lim\limits_{n \to \infty} \sum\limits_{i=1}^{n} \left(1 + \dfrac{i}{n}\right)^3 \dfrac{1}{n}$ 을 정적분으로 나타내어라.

3. $\displaystyle\int_a^b f(x)dx = 3$이고 $\displaystyle\int_a^b g(x)dx = 5$일 때 다음을 구하여라.

   (1) $\displaystyle\int_b^a f(x)dx$

   (2) $\displaystyle\int_a^b 2g(x)dx$

   (3) $\displaystyle\int_a^b \{f(x) - g(x)\}\,dx$

4. 다음을 구하여라.

   (1) $\displaystyle\int_0^1 (x^2 + 1)\,dx - \int_0^1 (x^2 - 1)\,dx$

   (2) $\displaystyle\int_{-2}^2 |x|dx$

5. 함수 $f(x) = \begin{cases} 3 - x , & 0 \le x < 1 \\ 2x - 2 , & 1 \le x \le 4 \end{cases}$ 일 때, $\displaystyle\int_0^4 f(x)dx$를 구하여라.

5.3 미적분학의 기본정리

미적분학의 기본정리

리만합의 극한이라는 정적분의 정의를 이용하여 정적분을 계산하는 것은 쉽지 않다. 미적분학의 기본정리는 정적분을 계산하는 데 매우 유용한 정리이다.

정리 5.3.1 미적분학의 기본정리(fundamental theorem of calculus)

$F(x)$가 f의 한 역도함수이고 f가 구간 $[a, b]$에서 연속이면

$$\int_a^b f(x)\,dx = F(b) - F(a)$$

이다.

증명

P를 $a = x_0 < x_1 < \cdots < x_n = b$인 $[a, b]$의 임의의 분할이라고 하면

$$
\begin{aligned}
F(b) - F(a) &= F(x_n) - F(x_0) \\
&= \left[F(x_n) - F(x_{n-1})\right] + \left[F(x_{n-1}) - F(x_{n-2})\right] + \cdots + \left[F(x_1) - F(x_0)\right] \\
&= \sum_{i=1}^{n} \left[F(x_i) - F(x_{i-1})\right]
\end{aligned}
$$

이다.

f의 역도함수인 F는 구간 $[a, b]$에서 연속이고 (a, b)에서 미분가능이므로 함수 F가 각 소구간 $[x_{i-1}, x_i]$에서 연속이고 (x_{i-1}, x_i)에서 미분가능이므로 평균값 정리에 의하여

$$F(x_i) - F(x_{i-1}) = F'(x_i^*)(x_i - x_{i-1}) = f(x_i^*)\Delta x_i$$

을 만족하는 $x_i^* \in (x_{i-1}, x_i)$가 존재한다. 그러므로

$$F(b) - F(a) = \sum_{i=1}^{n} \left[F(x_i) - F(x_{i-1})\right] = \sum_{i=1}^{n} f(x_i^*)\Delta x_i$$

이다.

$$\int_a^b f(x)dx = \lim_{n \to \infty} \sum_{i=1}^{n} f(x_i^*)\Delta x_i = \lim_{n \to \infty} \left[F(b) - F(a)\right] = F(b) - F(a)$$

이 성립한다. ◻

주 다음과 같은 기호도 사용한다. $\left[F(x)\right]_a^b = F(b) - F(a)$

예제 5.3.1   정적분 계산하기 ─────────────────────────────

다음 정적분의 값을 구하여라.

(a) $\displaystyle\int_0^1 (3x^2 - x + 2)dx$

(b) $\displaystyle\int_{-3}^{-1} \frac{1}{x}dx$

풀이

(a) $f(x) = 3x^2 - x + 2$는 구간 $[0, 1]$에서 연속이므로 미적분학의 기본정리를 적용할 수 있다. $F(x) = x^3 - \dfrac{1}{2}x^2 + 2x$가 $f(x)$의 역도함수이므로

$$\int_0^1 (3x^2 - x + 2)dx = \left[x^3 - \frac{1}{2}x^2 + 2x\right]_0^1 = \frac{5}{2}$$

이다.

(b) $f(x) = \dfrac{1}{x}$는 구간 $[-3, -1]$에서 연속이고 $F(x) = \ln|x|$가 $f(x)$의 역도함수이므로

$$\int_{-3}^{-1} \frac{1}{x}dx = [\ln|x|]_{-3}^{-1} = -\ln 3$$

이다.

정적분의 미분

정리 5.3.2   정적분의 미분

함수 f가 구간 $[a, b]$에서 연속이면 모든 $x \in (a, b)$에 대하여

$$\frac{d}{dx}\left[\int_a^x f(t)dt\right] = f(x)$$

이다.

㈜ 정리 5.3.1을 **미적분학의 기본정리 I**, 정리 5.3.2를 **미적분학의 기본정리 II**라고도 한다.

예제 5.3.2 정적분의 미분

$F(x) = \displaystyle\int_1^x \dfrac{7-t}{2t^2+1}\,dt$ 일 때 $F'(x)$를 구하여라.

풀이

$f(t) = \dfrac{7-t}{2t^2+1}$ 라고 하면 정리 5.3.2에 의하여

$$F'(x) = \frac{d}{dx}\left[\int_1^x f(t)dt\right] = f(x) = \frac{7-x}{2x^2+1}$$

이다.

함수 $F(g(x)) = \displaystyle\int_a^{g(x)} f(t)dt$ (단, g는 미분가능)의 도함수를 생각해보자. $s = g(x)$으로 치환하면 연쇄법칙에 의하여

$$\frac{d}{dx}\left[\int_a^{g(x)} f(t)dt\right] = \frac{d}{dx}[F(g(x))] = \frac{d}{dx}F(s) = \frac{d}{ds}F(s)\frac{ds}{dx}$$

$$= \frac{d}{ds}\left[\int_a^s f(t)dt\right]\frac{ds}{dx} = f(s)\frac{ds}{dx}$$

$$= f(g(x))g'(x)$$

이다.

예제 5.3.3 정적분의 미분

$F(x) = \displaystyle\int_3^{x^2} \sqrt{t^2+2}\,dt$ 일 때 $F'(x)$를 구하여라.

풀이

$g(x) = x^2$, $f(t) = \sqrt{t^2+2}$ 라고 하면

$$F'(x) = \frac{d}{dx}\left[\int_3^{g(x)} f(t)dt\right] = f(g(x))g'(x) = 2x\sqrt{x^4+2}$$

이다.

○ 적분의 평균값 정리

정리 5.3.3 **적분의 평균값 정리**

함수 f가 구간 $[a, b]$에서 연속이면

$$f(c) = \frac{1}{b-a} \int_a^b f(x)dx$$

을 만족하는 $c \in (a, b)$가 적어도 하나 존재한다.

(주) 적분의 평균값 정리에서

$$f(c) = \frac{\int_a^b f(x)dx}{b-a}$$

는 구간 $[a, b]$에서 함수 f의 **평균값**이다.

이때 $f(c)(b-a) = \int_a^b f(x)dx$이므로 $f(c)$는 그림 5.3.1과 같은 의미를 가진다.

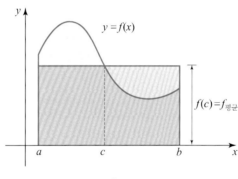

그림 5.3.1

예제 5.3.4 함수의 평균값 구하기

구간 $[-2, 2]$에서 함수 $f(x) = \sqrt{4-x^2}$의 평균값 M을 구하여라.

풀이

함수 $f(x) = \sqrt{4-x^2}$는 $x^2 + y^2 = 4$ (단, $y \geq 0$)이므로 그래프는 그림 5.3.2와 같다. 중심이 원점이고 반지름이 2인 반원이다. 정적분의 정의로부터 $\int_{-2}^2 f(x)dx$는 반원의 넓이 2π와 같다.

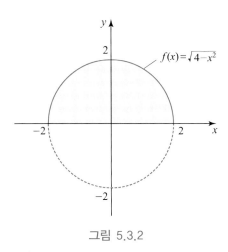

그림 5.3.2

그러므로 구간 $[-2, 2]$에서 함수 f의 평균값은

$$M = \frac{\displaystyle\int_{-2}^{2} f(x)\,dx}{2 - (-2)} = \frac{\pi}{2}$$

이다.

1. 다음을 구하여라.

(1) $\displaystyle\int_1^9 \left(\frac{3}{x} + e^x + \sqrt{x}\right)dx$

(2) $\displaystyle\int_{\frac{\pi}{6}}^{\frac{\pi}{4}} (\cos x + \sec x \tan x + \csc^2 x)dx$

(3) $\displaystyle\int_{-1}^1 (2x+1)^2 dx$

(4) $\displaystyle\int_0^{\frac{\pi}{3}} \frac{\sin 2x}{\cos x}dx$

2. $\displaystyle\int_0^3 |2x-5|\,dx$ 를 구하여라.

3. 구간 $[1, 4]$ 에서 함수 $f(x) = 2x - 1$ 에 대하여 적분의 평균값 정리를 만족하는 점 $c \in (1, 4)$ 를 구하여라.

4. 구간 $[0, \pi]$ 에서 $f(x) = \sin x$ 의 평균값 M 을 구하여라.

5. 다음 함수를 x 에 관하여 미분하여라.

(1) $\displaystyle y = \int_0^x \frac{t^4}{t^2+1}dt$

(2) $\displaystyle y = \int_x^3 \sqrt{e^t - e^{-t}}\,dt$

(3) $\displaystyle y = \int_0^{2x} \sin^2 t\,dt$

(4) $\displaystyle y = \int_x^{x^2} (t^2 + 3t)dt$

(5) $\displaystyle y = \int_0^x (x-t)\cos t\,dt$

6. 점 $x = 1$ 에서 곡선 $f(x) = \displaystyle\int_1^{x^3} \sqrt{2t^2 + 1}\,dt$ 의 접선의 방정식을 구하여라.

📍 5.4 적분법

미분의 역과정을 이용하여 역도함수를 구하는 단순한 방법 이외의 다양한 적분법에 대하여 알아보자.

○ 치환적분법

치환적분법은 미분의 연쇄법칙을 역으로 이용한 적분방법이다.

정리 5.4.1 ● 치환적분법
$u = g(x)$가 미분가능하고 $f(x)$가 연속이면 $$\int f[g(x)]g'(x)\,dx = \int f(u)\,du$$ 이다.

증명

$F(x)$가 $f(x)$의 한 역도함수라고 할 때 $F[g(x)]$의 도함수는 미분의 연쇄법칙에 의하여

$$\frac{d}{dx}F[g(x)] = F'[g(x)]g'(x) = f[g(x)]g'(x)$$

이다. $u = g(x)$라 두고 양변을 x에 관하여 적분하면 미적분학의 기본정리에 의하여

$$\int f[g(x)]g'(x)\,dx = \int \frac{d}{dx}F[g(x)]\,dx = F[g(x)] + C = F(u) + C = \int f(u)\,du$$

이다. ◻

예제 5.4.1 치환적분 이용 ─────────────

$\int (3x+1)^2 dx$ 을 구하여라.

풀이

$u = 3x+1$라 두고 양변을 x에 관하여 미분하면 $\dfrac{d}{dx}u = \dfrac{d}{dx}(3x+1)$이다.
$du = 3\,dx$로부터 $dx = \dfrac{1}{3}du$이다. 그러므로

$$\int (3x+1)^2 dx = \int u^2 \frac{1}{3} du = \frac{1}{9} u^3 + C = \frac{1}{9}(3x+1)^3 + C$$

이다.

예제 5.4.2

$\displaystyle\int x^3 e^{x^4+1} dx$을 구하여라.

풀이

$u = x^4 + 1$라 두고 양변을 x에 관하여 미분하면 $du = 4x^3 dx$이므로 $x^3 dx = \dfrac{1}{4} du$이다. 그러므로

$$\int x^3 e^{x^4+1} dx = \int e^u \frac{1}{4} du = \frac{1}{4} e^u + C = \frac{1}{4} e^{x^4+1} + C$$

이다.

예제 5.4.3

$\displaystyle\int x \sqrt{x^2+3} \, dx$을 구하여라.

풀이

$u = x^2 + 3$라 두고 양변을 x에 관하여 미분하면 $du = 2x \, dx$이므로 $x \, dx = \dfrac{1}{2} du$이다.

$$\int x \sqrt{x^2+3} \, dx = \int \sqrt{u} \, \frac{1}{2} du = \frac{1}{2} \int u^{\frac{1}{2}} du = \frac{1}{2} \frac{2}{3} u^{\frac{3}{2}} + C = \frac{1}{3}(x^2+3)^{\frac{3}{2}} + C$$

이다.

○ 정적분의 치환

정적분의 계산에서 치환적분을 적용하는 것은 부정적분의 치환적분으로 역도함수를 찾는 과정과 같다. 하지만 정적분의 적분한계를 치환한 문자에 대응하는 범위로 바꾸어야 한다. 즉 $g(x) = u$로 치환하면 $x = a$와 $x = b$인 적분한계를 대응하는 u의 적분한계인 $u = g(a)$와 $u = g(b)$로 바꾸어야 한다. 그러면

$$\int_a^b f(g(x))g'(x)dx = \int_{g(a)}^{g(b)} f(u)du$$

이다.

예제 5.4.4 정적분의 치환적분

다음 정적분의 값을 구하여라.

(a) $\displaystyle\int_0^{10}\left(\frac{1}{5}x - 1\right)^4 dx$ (b) $\displaystyle\int_{\frac{\pi}{3}}^{\frac{\pi}{2}} 3\sin x e^{\cos x} dx$

풀이

(a) $u = \dfrac{1}{5}x - 1$ 로 치환하면 $du = \dfrac{1}{5}dx$ 이고 $x = 0$ 일 때 $u = -1$, $x = 10$ 일 때 $u = 1$ 이므로

$$\int_0^{10}\left(\frac{1}{5}x - 1\right)^4 dx = \int_{-1}^1 u^4(5du) = \left[u^5\right]_{-1}^1 = 2$$

이다.

(b) $u = \cos x$ 로 치환하면 $du = -\sin x\, dx$ 이고 $x = \dfrac{\pi}{3}$ 일 때 $u = \dfrac{1}{2}$, $x = \dfrac{\pi}{2}$ 일 때 $u = 0$ 이므로

$$\int_{\frac{\pi}{3}}^{\frac{\pi}{2}} 3\sin x e^{\cos x} dx = \int_{\frac{1}{2}}^0 3e^u(-du) = \int_0^{\frac{1}{2}} 3e^u du = \left[3e^u\right]_0^{\frac{1}{2}} = 3\left(\sqrt{e} - 1\right)$$

이다.

정리 5.4.2 로그함수, 연쇄법칙

함수 $f(x)(\neq 0)$ 에 대하여

$$\int \frac{f'(x)}{f(x)}\, dx = \ln|f(x)| + C$$

이다.

증명

$u = f(x)$라 두면 $du = f'(x)dx$이다. 그러므로

$$\int \frac{f'(x)}{f(x)}\,dx = \int \frac{1}{f(x)}f'(x)dx = \int \frac{1}{u}du = \ln|u| + C = \ln|f(x)| + C$$

이다. ∎

예제 5.4.5

$\displaystyle\int_1^2 \frac{x^2}{x^3+1}dx$ 을 구하여라.

풀이

$$\int_1^2 \frac{x^2}{x^3+1}dx = \frac{1}{3}\int_1^2 \frac{3x^2}{x^3+1}dx = \frac{1}{3}\Big[\ln|x^3+1|\Big]_1^2 = \frac{1}{3}\ln\left(\frac{9}{2}\right)$$

예제 5.4.6

$\displaystyle\int \tan x\,dx$ 을 구하여라.

풀이

$$\int \tan x\,dx = \int \frac{\sin x}{\cos x}dx = -\int \frac{-\sin x}{\cos x}dx = -\ln|\cos x| + C$$

다음은 삼각함수의 공식을 이용한 적분방법이다.

예제 5.4.7 삼각함수의 반각공식 이용

다음 부정적분을 구하여라.

(a) $\displaystyle\int \cos^3(2x)dx$ (b) $\displaystyle\int \cos^4 x \sin^2 x\,dx$

풀이

(a) $\displaystyle\int \cos^3(2x)dx = \int (1 - \sin^2 2x)\cos 2x\,dx$

$u = \sin(2x)$라 두면

$$du = 2\cos(2x)dx$$

이다.

$$\int \cos^3(2x)dx = \frac{1}{2}\int(1-u^2)\,du$$

$$= \frac{1}{2}\left(u - \frac{1}{3}u^3\right) + C$$

$$= \frac{1}{2}\left(\sin 2x - \frac{1}{3}\sin^3 2x\right) + C$$

(b) $\displaystyle\int \cos^4 x \sin^2 x\,dx = \int\left(\frac{1+\cos 2x}{2}\right)^2\left(\frac{1-\cos 2x}{2}\right)dx$

$$= \int\left(\frac{1+2\cos 2x+\cos^2 2x}{4}\right)\left(\frac{1-\cos 2x}{2}\right)dx$$

$$= \frac{1}{8}\int(1+\cos 2x-\cos^2 2x-\cos^3 2x)dx$$

$$= \frac{1}{8}\left\{x + \frac{1}{2}\sin 2x - \frac{1}{2}\left(x + \frac{1}{4}\sin 4x\right) - \frac{1}{2}\left(\sin 2x - \frac{1}{3}\sin^3 2x\right)\right\} + C$$

$$= \frac{1}{8}\left\{\frac{1}{2}x - \frac{1}{8}\sin 4x + \frac{1}{6}\sin^3 2x\right\} + C$$

○ 부분적분법

부분적분법은 주로 피적분함수가 초월함수와 대수함수의 곱의 형태일 때 유용하게 사용되는 적분법이다. 미분가능한 함수 $f(x)$와 $g(x)$에 대하여

$$\frac{d}{dx}[f(x)g(x)] = f'(x)g(x) + f(x)g'(x)$$

이다. 양변을 x에 관하여 적분하면

$$\int \frac{d}{dx}[f(x)g(x)]\,dx = \int f'(x)g(x)\,dx + \int f(x)g'(x)\,dx$$

이다. 정리하면

$$\int f(x)g'(x)\,dx = \int \frac{d}{dx}[f(x)g(x)]\,dx - \int f'(x)g(x)\,dx$$

이다.

정리 5.4.3 **부분적분**

미분가능한 함수 $f(x)$와 $g(x)$에 대하여
$$\int f(x)\,g'(x)\,dx = f(x)\,g(x) - \int f'(x)\,g(x)\,dx$$
이다.

$u = f(x),\; v = g(x)$라 두면 $du = f'(x)\,dx,\; dv = g'(x)\,dx$이므로 위의 식은

$$\int u\,dv = u\,v - \int v\,du$$

로 표현할 수 있다.

부분적분법을 사용할 때 피적분함수로부터 $u = f(x),\; v = g(x)$를 적절히 선택하여야 한다. 일반적으로 다항함수와 로그함수의 곱일 경우 다항함수를, 지수함수 또는 삼각함수와 다항함수의 곱일 경우 지수함수 또는 삼각함수를 $v' = g'(x)$으로 선택한다.

예제 5.4.8　다항함수와 로그함수의 곱

$\displaystyle\int_{2}^{3} \ln x\,dx$ 를 구하여라.

풀이

$u = \ln x,\; v' = 1$라 선택하면 $u' = \dfrac{1}{x},\; v = x$이다. 그러므로

$$\int \ln x\,dx = x\ln x - \int x\,\frac{1}{x}\,dx = x\ln x - x + C$$

이다. 그러므로

$$\int_{2}^{3} \ln x\,dx = [\,x\ln x - x\,]_{2}^{3} = \ln\left(\frac{27}{4}\right) - 1$$

이다.

예제 5.4.9 삼각함수 또는 지수함수와 다항함수의 곱 ────────

다음 부정적분을 구하여라.

(a) $\displaystyle\int x\sin x\,dx$ (b) $\displaystyle\int x\,e^{2x}\,dx$

풀이

(a) $u=x,\ v'=\sin x$ 라 선택하면 $u'=1,\ v=-\cos x$ 이다. 그러므로

$$\int x\sin x\,dx = -x\cos x + \int \cos x\,dx = -x\cos x + \sin x + C$$

이다.

(b) $u=x,\ v'=e^{2x}$ 라 선택하면 $u'=1,\ v=\dfrac{1}{2}e^{2x}$ 이다. 그러므로

$$\int x\,e^{2x}\,dx = \frac{1}{2}xe^{2x} + \int\left(-\frac{1}{2}e^{2x}\right)dx = \frac{1}{2}xe^{2x} - \frac{1}{4}e^{2x} + C$$

이다.

──●

예제 5.4.10 지수함수와 삼각함수의 곱 - 반복하여 부분적분법 적용 ────────

$\displaystyle\int e^{x}\cos x\ dx$ 을 구하여라.

풀이

$u=e^{x},\ v'=\cos x$ 라 선택하면 $u'=e^{x},\ v=-\sin x$ 이다. 그러므로

$$\int e^{x}\cos x\,dx = e^{x}\sin x - \int e^{x}\sin x\,dx$$

이다. $\displaystyle\int e^{x}\sin x\,dx$ 에 다시 부분적분법을 적용하면

$$\int e^{x}\sin x\,dx = -e^{x}\cos x + \int e^{x}\cos x\,dx$$

이므로

$$\int e^{x}\cos x\,dx = e^{x}\sin x - \left[-e^{x}\cos x + \int e^{x}\cos x\,dx\right]$$

이다. 정리하면

$$2\int e^{x}\cos x\,dx = e^{x}\sin x + e^{x}\cos x$$

이므로

$$\int e^x \cos x \, dx = \frac{1}{2} e^x (\sin x + \cos x) + C$$

이다.

◉ 부분분수를 이용한 유리함수 적분법

유리함수 $f(x) = \dfrac{p(x)}{q(x)}$ 를 간단한 분수들의 합으로 나타내어 적분하는 방법이다. 다항함수 $p(x)$, $q(x) \neq 0$에 대하여 $p(x)$의 차수가 다항함수 $q(x)$의 차수보다 크거나 같으면 나눗셈을 이용하여 다항함수 $r(x)$의 차수가 $q(x)$의 차수보다 작게 변형할 수 있다.

$$f(x) = \frac{p(x)}{q(x)} = s(x) + \frac{r(x)}{q(x)}$$

대수학의 기본정리에 의하여 $q(x)$는 항상 실수계수를 가진 일차인수와 기약인 이차인수의 곱으로 인수분해 될 수 있다. $q(x)$의 형태는 다음 네 가지 경우 중의 하나이다.

(1) $q(x)$가 서로 다른 일차인수의 곱인 경우

(2) $q(x)$에 반복되는 일차인수가 포함된 경우

(3) $q(x)$에 기약인 이차인수가 포함된 경우

(4) $q(x)$에 반복되는 기약인 이차인수가 포함된 경우

대수학의 기본정리

5.3절 미적분학의 기본정리와 같이 수학의 한 분야인 대수학에도 기본정리가 있다. 대수학의 기본정리는

"n차 방정식은 복소수 범위에서 중복을 허락하여 n개의 근을 갖는다."

이다. 예를 들어 $x^3 + 1 = (x+1)(x^2 + x + 1) = 0$은 실수범위에서는 1개의 근을 갖지만 복소수범위까지 허용하면 3개의 해를 가진다.

"실수 계수를 갖는 n차 다항식은 항상 실수 계수인

일차인수와 기약인 이차인수의 곱으로 인수분해 될 수 있다."

또한 같은 의미이다. 이때 $a \neq 0$, $b^2 - 4ac < 0$인 $ax^2 + bx + c$를 **기약**(irreducible)인 이차인수라고 한다.

다음 부정적분을 구하여라.

(a) $\displaystyle\int \frac{1}{(x-3)(x-1)}\,dx$　　　(b) $\displaystyle\int \frac{1}{x^2(x-2)}\,dx$　　　(c) $\displaystyle\int \frac{1}{x(x^2+5)}\,dx$

풀이

(a) 분모가 서로 다른 일차인수의 곱으로 나타나 있다. 부분분수로 변형하면

$$\frac{1}{(x-3)(x-1)} = \frac{a}{x-3} + \frac{b}{x-1}$$

이다. 양변에 $(x-3)(x-1)$를 곱하면

$$1 = a(x-1) + b(x-3)$$

이다. $x=1, x=3$을 대입하면

$$a = \frac{1}{2},\ b = -\frac{1}{2}$$

이다. 즉,

$$\frac{1}{(x-3)(x-1)} = \frac{1}{2(x-3)} - \frac{1}{2(x-1)}$$

이다. 양변을 x에 관하여 적분하면 준식은

$$\frac{1}{2}\int \frac{1}{x-3}\,dx - \frac{1}{2}\int \frac{1}{x-1}\,dx = \frac{1}{2}\ln|x-3| - \frac{1}{2}\ln|x-1| + C$$

이다.

(b) 분모에 반복되는 일차인수를 포함한 경우이다. 부분분수로 변형하면

$$\frac{1}{x^2(x-2)} = \frac{a}{x} + \frac{b}{x^2} + \frac{c}{x-2}$$

이다. 양변에 $x^2(x-2)$를 곱하면

$$1 = ax(x-2) + b(x-2) + cx^2$$

이다. $x=0, x=2$을 대입하면

$$b = -\frac{1}{2},\ c = \frac{1}{4}$$

이다. b, c를 대입한 후 양변의 계수를 비교하여 a를 구하면

$$a = -\frac{1}{4}$$

이다.

$$\frac{1}{x^2(x-2)} = -\frac{1}{4x} - \frac{1}{2x^2} + \frac{1}{4(x-2)}$$

이다. 양변을 x에 관하여 적분하면 준식은

$$-\frac{1}{4}\int \frac{1}{x}dx - \frac{1}{2}\int \frac{1}{x^2}dx + \frac{1}{4}\int \frac{1}{x-2}dx = -\frac{1}{4}\ln|x| + \frac{1}{2x} + \frac{1}{4}\ln|x-2| + C$$

이다.

(c) $x^2 + 5$ 는 더이상 실수계수를 가진 일차인수로 인수분해 되지 않으므로 분모에 기약인 이차인수를 포함한 경우이다. 다음과 같이 변형하자.

$$\frac{1}{x(x^2+5)} = \frac{a}{x} + \frac{bx+c}{x^2+5}$$

통분하여 계수를 비교하면

$$\frac{1}{x(x^2+5)} = \frac{\frac{1}{5}}{x} + \frac{-\frac{1}{5}x}{x^2+5}$$

이다. 양변을 x에 관하여 적분하면 준식은

$$\frac{1}{5}\int \frac{1}{x}dx - \frac{1}{10}\int \frac{2x}{x^2+5}dx = \frac{1}{5}\ln|x| - \frac{1}{10}\ln(x^2+5) + C$$

이다.

다음은 유리화를 이용한 적분법이다.

예제 5.4.12   치환적분, 유리화

다음 부정적분을 구하여라.

(a) $\displaystyle\int \frac{\sqrt{2x+1}}{x}dx$

(b) $\displaystyle\int \frac{1}{\sqrt{x}-\sqrt{x+2}}dx$

[풀이]

(a) $u = \sqrt{2x+1}$ 라 두면 $u^2 = 2x+1$ 이므로 $u\,du = dx$ 이다. 그러므로

$$\int \frac{u}{\left(\frac{u^2-1}{2}\right)}\, u\, du = \int \frac{2u^2}{u^2-1}\, du = \int \frac{2(u^2-1)+2}{u^2-1}\, du$$

$$= \int 2\, du + \int \frac{2}{(u-1)(u+1)}\, du$$

이다.

$$\frac{2}{(u-1)(u+1)} = \frac{1}{u-1} + \frac{-1}{u+1}$$

이므로 u 에 관하여 적분하면 준식은

$$\int \frac{u}{\left(\frac{u^2-1}{2}\right)}\, u\, du = 2u + \ln|u-1| - \ln|u+1| + C$$

이다. $u = \sqrt{2x+1}$ 를 대입하여 다시 x 에 관한 식으로 변형하면

$$\int \frac{\sqrt{2x+1}}{x}\, dx = 2\sqrt{2x+1} + \ln\left|\frac{\sqrt{2x+1}-1}{\sqrt{2x+1}+1}\right| + C$$

이다.

(b) 분자와 분모에 $\sqrt{x} + \sqrt{x+2}$ 를 곱하면 준식은

$$\int \frac{\sqrt{x}+\sqrt{x+2}}{-2}\, dx = -\frac{1}{2}\left[\int x^{\frac{1}{2}}\, dx + \int (x+2)^{\frac{1}{2}}\, dx\right]$$

$$= -\frac{1}{3}\left[x^{\frac{3}{2}} + (x+2)^{\frac{3}{2}}\right] + C$$

이다.

1. 다음을 구하여라.

(1) $\displaystyle\int (x+3)e^{x^2+6x}\,dx$

(2) $\displaystyle\int_{1}^{\sqrt{2}} x\,2^{1+x^2}\,dx$

(3) $\displaystyle\int \frac{\sin^3 x}{\sqrt{\cos x}}\,dx$

(4) $\displaystyle\int_{0}^{1} \frac{x^2}{\sqrt{x^3+1}}\,dx$

(5) $\displaystyle\int \cos(\sin x+5)^2\,dx$

(6) $\displaystyle\int \cos(5x-3)\,dx$

2. 다음을 구하여라.

(1) $\displaystyle\int \sec x\,dx$

(2) $\displaystyle\int \csc x\,dx$

(3) $\displaystyle\int \cot x\,dx$

3. 다음을 구하여라.

(1) $\displaystyle\int \frac{x}{e^x}\,dx$

(2) $\displaystyle\int x^2 e^{2x}\,dx$

(3) $\displaystyle\int x\cos x\,dx$

(4) $\displaystyle\int x\ln x\,dx$

(5) $\displaystyle\int e^x \sin x\,dx$

4. 다음을 구하여라.

(1) $\displaystyle\int \frac{x^3+2x+1}{x^2-1}\,dx$

(2) $\displaystyle\int \frac{1}{x^2(x+1)^2}\,dx$

5.5 적분의 응용

정적분을 이용하여 곡선 사이의 넓이, 입체의 부피, 곡선의 길이를 구할 수 있다.

◯ 곡선 사이의 넓이

그림 5.5.1과 같이 그려진 구간 $[a, b]$에서 정의된 연속인 함수 $y = f(x)(\geq 0)$와 x축, $x = a$, $x = b$로 둘러싸인 영역의 넓이 A는 5.2절의 정적분의 정의에 의하여

$$A = \int_a^b f(x)dx$$

이다.

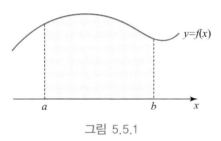

그림 5.5.1

위 결과를 이용하여 두 곡선 $y = f(x)$, $y = g(x)$와 $x = a$, $x = b$로 둘러싸인 영역의 넓이 A(그림 5.5.2)를 구해보자.

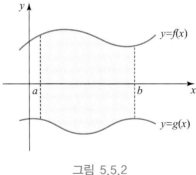

그림 5.5.2

구간 $[a, b]$에서 정의되는 연속인 함수 $y = f(x)$, $y = g(x)$가 $x \in [a, b]$에 대하여 $f(x) \geq g(x)$를 만족한다고 하자. $a = x_0 < x_1 < x_2 < \cdots < x_n = b$을 구간 $[a, b]$의 균등분

할이라고 할 때, 각 소구간 $[x_{i-1}, x_i]$에 대하여 가로의 길이가 소구간의 길이 $\Delta x = x_i - x_{i-1} = \dfrac{b-a}{n}$ 이고 임의의 $x_i^* \in [x_{i-1}, x_i]$에 대하여 세로의 길이가 $\left[f(x_i^*) - g(x_i^*) \right]$인 직사각형을 그림 5.5.3과 같이 그리자.

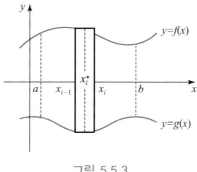

그림 5.5.3

그러면 i번째 작은 직사각형의 넓이 A_i는

$$A_i = \left[f(x_i^*) - g(x_i^*) \right] \Delta x$$

이고 n개의 작은 직사각형의 넓이를 모두 더하여 A의 근삿값을 구하면

$$A \approx \sum_{i=1}^{n} \left[f(x_i^*) - g(x_i^*) \right] \Delta x$$

이다. 그러므로 $n \to \infty$일 때 극한이 존재하면 넓이 A는 정적분의 정의에 의하여

$$A = \lim_{n \to \infty} \sum_{i=1}^{n} \left[f(x_i^*) - g(x_i^*) \right] \Delta x = \int_a^b [f(x) - g(x)]\, dx$$

이다.

예제 5.5.1 곡선으로 둘러싸인 영역의 넓이 구하기

직선 $y = x + 3$와 곡선 $y = x^2 - 9$로 둘러싸인 영역의 넓이를 구하여라.

풀이

$y = x + 3$와 $y = x^2 - 9$의 교점의 x좌표는 $x = -3, 4$이므로 직선 $y = x + 3$와 곡선 $y = x^2 - 9$로 둘러싸인 영역은 그림 5.5.4이다.

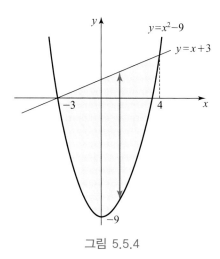

그림 5.5.4

구간 $[-3,4]$ 에서 $x+3 \geq x^2-9$ 이므로 영역의 넓이 A는

$$
\begin{aligned}
A &= \int_{-3}^{4} \big[(x+3)-(x^2-9)\big]\,dx \\
&= \int_{-3}^{4}(-x^2+x+12)dx = \left[-\frac{x^3}{3}+\frac{x^2}{2}+12x\right]_{-3}^{4} \\
&= \frac{343}{6}
\end{aligned}
$$

이다.

유사한 방법으로 그림 5.5.5와 같이 두 곡선 $x=f(y)$, $x=g(y)$와 $y=c$, $y=d$로 둘러싸인 영역의 넓이 A를 구하면

$$
A = \lim_{n\to\infty}\sum_{i=1}^{n}\big[f(y_i^{*})-g(y_i^{*})\big]\triangle y = \int_{c}^{d}\big[f(y)-g(y)\big]\,dy
$$

이다.

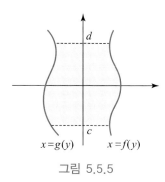

그림 5.5.5

예제 5.5.2   곡선으로 둘러싸인 영역의 넓이 구하기 ─────────────

곡선 $x = y^2$와 $x = -y^2 + 2$로 둘러싸인 영역의 넓이를 구하여라.

풀이

$x = y^2$와 $x = -y^2 + 2$의 교점의 y좌표는 $y = \pm 1$이므로 곡선 $x = y^2$와 $x = -y^2 + 2$로 둘러싸인 영역은 그림 5.5.6과 같다.

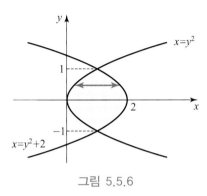

그림 5.5.6

구간 $[-1, 1]$에서 $-y^2 + 2 \geq y^2$이므로 영역의 넓이 A는

$$A = \int_{-1}^{1} \{(-y^2 + 2) - y^2\} dy = \int_{-1}^{1} (-2y^2 + 2) dy$$
$$= \left[-\frac{2}{3}y^3 + 2y \right]_{-1}^{1} = \frac{8}{3}$$

이다.

── ●

◉ 단면의 넓이를 이용한 입체의 부피

밑면과 옆면이 수직을 이루는 입체인 직각기둥의 부피는

직각기둥의 부피 = 밑면의 넓이 × 높이

이다. 이를 이용하여 공간상에 놓여있는 입체의 부피를 구하자.

$x = a$와 $x = b$ 사이에 놓여있는 입체가 x축에 수직인 평면으로 잘랐을 때 단면의 넓이 함수 $A(x)$가 연속일 때 이 입체의 부피 V를 구해보자.

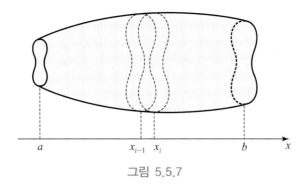

그림 5.5.7

$a = x_0 < x_1 < x_2 < \cdots < x_n = b$를 구간 $[a, b]$의 균등분할이라고 할 때 주어진 입체를 점 x_1, x_2, x_3, $\cdots$, x_n을 지나는 x축에 수직인 평면으로 잘라 n개의 작은 조각으로 나누자. 각 구간의 작은 조각은 직각기둥에 근사하므로 직각기둥의 부피를 이용하여 각 조각의 부피를 구하자. i번째 작은 입체(그림 5.5.7)는 소구간 $[x_{i-1}, x_i]$의 길이 Δx를 높이로 가지고 임의의 $x_i^* \in [x_{i-1}, x_i]$에 대하여 단면의 넓이가 $A(x_i^*)$라고 할 때 이 입체의 부피 V_i는

$$V_i \approx A(x_i^*)\Delta x$$

이다. 작은 입체 n개의 부피를 모두 더하여 부피 V의 근삿값을 구하면

$$V \approx \sum_{i=1}^{n} A(x_i^*)\Delta x$$

이다. 조각의 수가 많을수록 참값에 가까워지므로 부피 V는 정적분의 정의에 의하여

$$V = \lim_{n \to \infty} \sum_{i=1}^{n} A(x_i^*)\Delta x = \int_a^b A(x)dx$$

이다.

예제 5.5.3 단면의 넓이를 이용한 입체의 부피 구하기

한 변의 길이가 a인 정사각형을 밑면으로 가지고 높이가 h인 사각뿔의 부피가 $\frac{1}{3}a^2 h$임을 보여라.

풀이

사각뿔의 꼭짓점을 그림 5.5.8과 같이 원점 O에 두고 꼭짓점을 따라 높이가 되는 부분을 x축에 놓자. 이 입체를 x축에 수직인 면으로 잘라 생긴 단면의 모양은 정사각형이다. 이 단면의 한 변의 길이를 b라고 하면 닮음비에 의하여

$$x : h = b : a$$

이므로 $b = \dfrac{ax}{h}$ 이고 단면의 넓이 함수 $A(x)$ 는

$$A(x) = b^2 = \frac{a^2 x^2}{h^2}$$

이다. 그러므로 사각뿔의 부피 V 는

$$V = \int_0^h \frac{a^2 x^2}{h^2} dx = \left[\frac{a^2 x^3}{3h^2} \right]_0^h = \frac{a^2 h}{3}$$

이다.

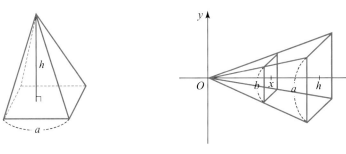

그림 5.5.8

예제 5.5.4 단면의 넓이를 이용한 입체의 부피 구하기

곡선 $y = \cos x \left(0 \leq x \leq \dfrac{\pi}{2} \right)$ 와 x 축, y 축으로 둘러싸인 영역을 밑면으로 가지고, x 축에 수직인 평면으로 잘랐을 때 단면이 정삼각형인 입체의 부피를 구하여라.

풀이

정삼각형의 한 변의 길이는 $\cos x$(그림 5.5.9)이므로 단면의 넓이 $A(x)$ 는

$$A(x) = \frac{\sqrt{3}}{4} \cos^2 x$$

이다. 그러므로 입체의 부피 V 는

$$\begin{aligned}
V &= \int_0^{\frac{\pi}{2}} \frac{\sqrt{3}}{4} \cos^2 x \, dx = \frac{\sqrt{3}}{4} \int_0^{\frac{\pi}{2}} \frac{1 + \cos 2x}{2} dx \\
&= \frac{\sqrt{3}}{8} \left[x + \frac{1}{2} \sin 2x \right]_0^{\frac{\pi}{2}} = \frac{\sqrt{3}}{16} \pi
\end{aligned}$$

이다.

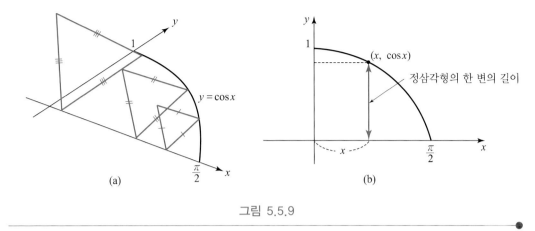

(a)

(b)

그림 5.5.9

회전체의 부피

회전체의 부피를 원판, 와셔, 원통의 외각법을 이용하여 구한다.

1. 원판법

구간 $[a, b]$ 에서 정의되는 함수 $y = f(x) (\geq 0)$ 가 연속이라고 하자. 그림 5.5.10(a)와 같이 곡선 $y = f(x)$, x축, $x = a$, $x = b$로 둘러싸인 영역을 x축에 대하여 회전시켜 얻은 회전체의 부피를 구해보자.

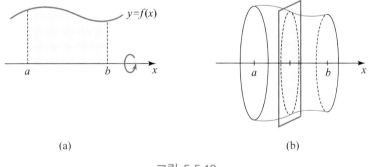

(a)

(b)

그림 5.5.10

이 회전체는 x축에 수직인 평면으로 잘랐을 때 단면의 모양이 원판(disk)이므로 단면의 넓이는

$$A(x_i^*) = \pi \left[f(x_i^*) \right]^2$$

이다. 그러므로 회전체의 부피 V는

$$V = \int_a^b \pi [f(x)]^2 dx$$

이다.

단면인 원판의 넓이를 이용하여 회전체의 부피를 구하는 방법을 **원판법**이라고 한다.

예제 5.5.5 원판법 이용하여 회전체 부피 구하기

곡선 $y = \sqrt{x}$ 와 두 직선 $x = 1$, $y = 0$으로 둘러싸인 영역을 x축을 중심으로 회전시켜 얻은 회전체의 부피를 구하여라.

풀이

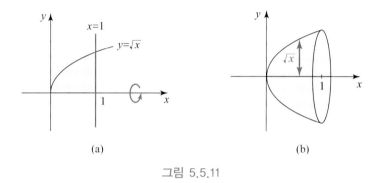

그림 5.5.11

x축에 수직인 평면으로 잘랐을 때 단면은 반지름의 길이가 $\sqrt{x}$인 원판이므로 단면의 넓이 $A(x)$는

$$A(x) = \pi(\sqrt{x})^2 = \pi x$$

이다. 그러므로 회전체의 부피 V는

$$V = \int_0^1 \pi x \, dx = \left[\frac{\pi x^2}{2}\right]_0^1 = \frac{\pi}{2}$$

이다.

마찬가지 방법으로 구간 $[c, d]$에서 정의되는 함수 $x = g(y)(\geq 0)$가 연속이라고 하자. 곡선 $x = g(y)$, y축, $y = c$, $y = d$로 둘러싸인 영역(그림 5.5.12)을 y축에 대하여 회전시켜 얻은 회전체의 부피 V는 원판법에 의해

$$V = \int_c^d \pi \left[g(y) \right]^2 dy$$

이다.

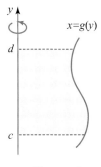

그림 5.5.12

2. 와셔법

구간 $[a, b]$에서 정의되는 양수인 두 함수 $y = f(x)$와 $y = g(x)$가 연속이고 구간 내의 모든 점에서 $f(x) \geq g(x) \geq 0$을 만족한다고 하자. 그림 5.5.13(a)와 같이 두 곡선 $y = f(x)$, $y = g(x)$와 $x = a$, $x = b$로 둘러싸인 영역을 x축에 대하여 회전시켜 얻은 회전체(그림 5.5.13(b))의 부피를 구해보자.

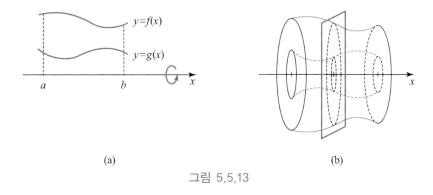

(a)   (b)

그림 5.5.13

이 회전체는 x축에 수직인 평면으로 잘랐을 때 단면이 구멍이 있는 원판인 와셔(washer) 모양이므로 단면의 넓이는

$$A(x_i^*) = \text{큰 원의 넓이} - \text{작은 원의 넓이}$$
$$= \pi \left[f(x_i^*) \right]^2 - \pi \left[g(x_i^*) \right]^2$$

이다. 그러므로 회전체의 부피 V는

$$V = \int_a^b \pi \left[(f(x))^2 - (g(x))^2 \right] dx$$

이다.

단면인 와셔의 넓이를 이용하여 회전체의 부피를 구하는 방법을 **와셔법**이라고 한다.

예제 5.5.6 와셔법 이용하여 회전체의 부피 구하기

직선 $y = x$와 곡선 $y = x^2$으로 둘러싸인 영역을 x축을 중심으로 회전시켜 얻은 회전체의 부피를 구하여라.

풀이

$y = x$와 $y = x^2$는 점 $(0,0)$와 $(1,1)$에서 만나므로 직선 $y = x$와 곡선 $y = x^2$으로 둘러싸인 영역은 그림 5.5.14(a)와 같다.

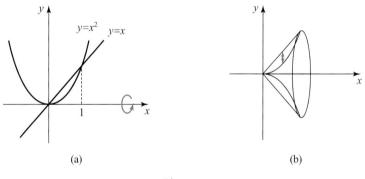

(a)   (b)

그림 5.5.14

이 영역을 x축을 중심으로 회전하여 얻은 회전체[그림 5.5.14(b)]를 x축에 수직인 평면으로 잘랐을 때 단면의 모양은 큰 원의 반지름이 x이고 작은 원의 반지름이 x^2인 와셔이다. 그러므로 부피 V는

$$V = \int_0^1 \left[\pi x^2 - \pi (x^2)^2 \right] dx = \pi \int_0^1 (x^2 - x^4) dx$$
$$= \pi \left[\frac{x^3}{3} - \frac{x^5}{5} \right]_0^1 = \frac{2\pi}{15}$$

이다.

3. 원통의 외각법 (원주각법)

구간 $[a,b]$에서 정의되는 함수 $y=f(x)(\geq 0)$가 연속이라고 하자. 그림 5.5.15(a)와 같이 곡선 $y=f(x)$, x축, $x=a$, $x=b$로 둘러싸인 영역을 y축에 대하여 회전시켜 얻은 회전체의 부피 V를 **원통의 외각**(cylindrical shell)을 이용하여 구해보자.

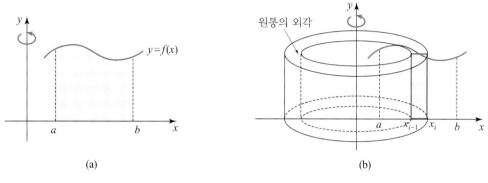

(a)   (b)

그림 5.5.15

$a=x_0<x_1<x_2<\cdots<x_n=b$을 구간 $[a,b]$의 균등분할이라고 할 때, i번째 소구간 $[x_{i-1},x_i]$에 대하여 $x_i^*=\dfrac{x_{i-1}+x_i}{2}$라고 할 때 가로의 길이가 $\Delta x=\dfrac{b-a}{n}$이고 세로의 길이가 $f(x_i^*)$인 직사각형을 y축에 대하여 회전시켜 얻은 입체인 원통의 외각의 부피를 구해보자.

이 원통의 외각의 부피 V_i는

$$V_i = \pi x_i^2 f(x_i^*) - \pi x_{i-1}^2 f(x_i^*)$$
$$= \pi(x_i+x_{i-1})(x_i-x_{i-1})f(x_i^*)$$
$$= 2\pi\left(\frac{x_i+x_{i-1}}{2}\right)f(x_i^*)\Delta x$$
$$= 2\pi x_i^* f(x_i^*)\Delta x \qquad (2\pi\times\text{반지름}\times\text{높이}\times\text{두께})$$
$$\underset{x_i^*}{\parallel}\qquad\underset{f(x_i^*)}{\parallel}\qquad\underset{\Delta x}{\parallel}$$

이다.

n개 외각의 부피를 더하여 주어진 입체의 부피 V의 근삿값을 구하면

$$V \approx \sum_{i=1}^{n} 2\pi x_i^* f(x_i^*)\Delta x$$

이고 극한 $n\to\infty$를 취하면 정적분의 정의에 의하여 참값 V는

$$V = \lim_{n \to \infty} \sum_{i=1}^{n} 2\pi x_i^* f(x_i^*) \Delta x = \int_a^b 2\pi x f(x) dx$$

이다.

원통의 외각의 부피를 이용하여 회전체의 부피를 구하는 방법을 **원통의 외각법** 또는 **원주각법**이라고 한다.

예제 5.5.7 외각법 이용하여 회전체의 부피 구하기

직선 $y = x$와 곡선 $y = x^2$으로 둘러싸인 영역을 y축을 중심으로 회전시켜 얻은 회전체의 부피를 구하여라.

풀이

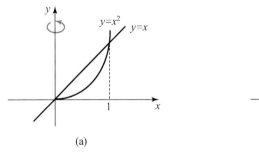 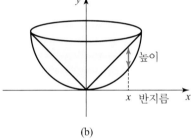

(a)   (b)

그림 5.5.16

그림 5.5.16에서 회전체의 부피는 반지름이 x이고 높이가 $(x - x^2)$인 원통의 외각을 이용하여 구할 수 있다. 그러므로 부피 V는

$$V = \int_0^1 2\pi x (x - x^2) dx = 2\pi \int_0^1 (x^2 - x^3) dx$$
$$= 2\pi \left[\frac{x^3}{3} - \frac{x^4}{4} \right]_0^1 = \frac{\pi}{6}$$

이다.

◐ 곡선의 길이

폐구간 $[a, b]$에서 연속이고 개구간 (a, b)에서 미분가능인 함수 $y = f(x)$에 대하여 구간 내에서 그려지는 곡선 $y = f(x)$의 길이 L을 구해보자.

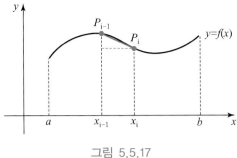

그림 5.5.17

$a = x_0 < x_1 < x_2 < \cdots < x_n = b$을 구간 $[a, b]$의 균등분할이라고 하자. 그림 5.5.17과 같이 점 $x_0,\ x_1,\ x_2,\ \cdots,\ x_n$에 대응하는 곡선 위의 점을 $P_0, P_1, \cdots, P_n$이라고 할 때 i번째 분할된 곡선의 길이 L_i의 근삿값은 선분 $\overline{P_{i-1}P_i}$의 길이이므로

$$L_i \approx \sqrt{(x_i - x_{i-1})^2 + [f(x_i) - f(x_{i-1})]^2}$$

이다.

함수 f가 각 소구간 $[x_{i-1}, x_i]$에서 연속이고 (x_{i-1}, x_i)에서 미분가능이므로 평균값 정리에 의하여

$$f(x_i) - f(x_{i-1}) = f'(x_i^*)(x_i - x_{i-1})$$

을 만족하는 $x_i^* \in (x_{i-1}, x_i)$가 존재한다. 그러므로

$$
\begin{aligned}
L_i &\approx \sqrt{(x_i - x_{i-1})^2 + [f(x_i) - f(x_{i-1})]^2} \\
&= \sqrt{(x_i - x_{i-1})^2 + [f'(x_i^*)(x_i - x_{i-1})]^2} \\
&= \sqrt{1 + [f'(x_i^*)]^2}\, \Delta x
\end{aligned}
$$

이다. n개의 선분의 길이를 모두 더하여 곡선의 길이 L의 근삿값을 구하면

$$L \approx \sum_{i=1}^{n} \sqrt{1 + [f'(x_i^*)]^2}\, \Delta x$$

이고 극한 $n \to \infty$를 취하면 정적분의 정의에 의하여 길이 L는

$$L = \lim_{n \to \infty} \sum_{i=1}^{n} \sqrt{1 + [f'(x_i^*)]^2}\, \Delta x = \int_a^b \sqrt{1 + [f'(x)]^2}\, dx = \int_a^b \sqrt{1 + \left(\frac{dy}{dx}\right)^2}\, dx$$

이다.

예제 5.5.8 곡선의 길이 구하기

구간 $[0,1]$에서 곡선 $y = \dfrac{e^x + e^{-x}}{2}$의 길이를 구하여라.

풀이

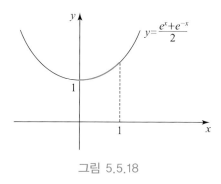

그림 5.5.18

$\dfrac{dy}{dx} = \dfrac{e^x - e^{-x}}{2}$ 이므로 곡선의 길이 L는

$$L = \int_0^1 \sqrt{1 + \left(\frac{e^x - e^{-x}}{2}\right)^2}\, dx = \int_0^1 \sqrt{\left(\frac{e^x + e^{-x}}{2}\right)^2}\, dx$$

$$= \int_0^1 \left(\frac{e^x + e^{-x}}{2}\right) dx = \frac{1}{2}\left[e^x - e^{-x}\right]_0^1$$

$$= \frac{1}{2}\left(e - \frac{1}{e}\right)$$

이다.

유사한 방법으로 구간 $[c, d]$에서 정의되는 곡선 $x = g(y)$의 길이 L는

$$L = \int_c^d \sqrt{1 + [g'(y)]^2}\, dy = \int_c^d \sqrt{1 + \left(\frac{dx}{dy}\right)^2}\, dy$$

이다.

1. 곡선 $y = -x^2 + 2x$와 x축으로 둘러싸인 영역의 넓이를 직선 $y = ax$가 이등분한다고 할 때 상수 a를 구하여라.

2. 곡선 $f(x) = x^3 - 3x^2 + 3x$와 $f(x)$의 역함수 $g(x)$로 둘러싸인 영역의 넓이를 구하여라.

3. 예제 5.5.3의 사각뿔의 부피를 y에 대한 적분으로 바꾸어 구하여라.

4. 반지름의 길이가 r인 구의 부피가 $\dfrac{4}{3}\pi r^3$임을 보여라.

5. 곡선 $y = \sin x\,(0 \le x \le \pi)$와 x축으로 둘러싸인 영역을 x축을 중심으로 회전시켜 얻은 회전체의 부피를 구하여라.

6. 곡선 $y = \sqrt{x}$와 직선 $y = x$로 둘러싸인 영역을 다음을 회전축으로 했을 때 생기는 회전체의 부피를 구하여라.

    (1) x축   (2) y축

7. 구간 $[4, 8]$에서 곡선 $y = \dfrac{x^2}{4} - \dfrac{\ln x}{2}$의 길이를 구하여라.

1. 다음 부정적분을 구하여라.

(1) $\displaystyle\int \frac{2-\sqrt{3x}}{\sqrt{x}}dx$

(2) $\displaystyle\int \frac{x^3+8}{x+2}dx$

(3) $\displaystyle\int (x+1)(x^2+2x+4)^3dx$

(4) $\displaystyle\int \frac{\csc^2 x}{\sqrt{1-\cot x}}dx$

(5) $\displaystyle\int \sec^4 x\,dx$

(6) $\displaystyle\int \cos x\ln(\sin x)\,dx$

(7) $\displaystyle\int \sin(\ln x)\,dx$

(8) $\displaystyle\int \sin^{-1}x\,dx$

(9) $\displaystyle\int \frac{7+x}{x^2-x-6}dx$

(10) $\displaystyle\int \frac{x^3-x^2-2x-1}{x^4-1}dx$

2. 다음 정적분을 구하여라.

(1) $\displaystyle\int_1^4 \frac{x+1}{x}dx$

(2) $\displaystyle\int_0^{\frac{\pi}{3}} \tan^2 x\,dx$

(3) $\displaystyle\int_0^{\pi} \cos\left(\frac{1}{2}x\right)dx$

(4) $\displaystyle\int_{\frac{\pi}{6}}^{\frac{\pi}{4}} \frac{\sin 2x}{\cos x}dx$

(5) $\displaystyle\int_{-1}^3 (|x|-3)dx$

(6) $\displaystyle\int_0^2 |x^2-1|dx$

(7) $\displaystyle\int_{\ln 2}^{\ln 4} \frac{e^x}{e^{2x}-1}dx$

(8) $\displaystyle\int_0^1 (e^x-e^{-x})^2dx+\int_1^0 (e^x+e^{-x})^2dx$

(9) $\displaystyle\int_0^{\frac{\pi}{2}} e^{-x}\cos x\,dx$

(10) $\displaystyle\int_0^{\frac{\pi^2}{4}} \cos\sqrt{x}\,dx$

3. 등식 $f(x)=3x^2-x+2\displaystyle\int_0^1 xf'(x)dx$ 을 만족하는 함수 $f(x)$를 구하여라.

4. 함수 $f(x)=\displaystyle\int_{-3}^x 3(t+1)(t-3)dt$ 의 극값을 구하여라.

5. $40 - 5x^3 = \displaystyle\int_c^x f(t)dt$을 만족하는 함수 $f(x)$와 이 때의 c를 구하여라.

6. (1) f가 $[-a, 0]$에서 연속이면 $\displaystyle\int_{-a}^0 f(x)dx = \int_0^a f(-x)dx$임을 증명하여라.

　　(2) (1)을 이용하여, f가 $[-a, a]$에서 연속일 때 다음을 증명하여라.

$$\int_{-a}^a f(x)dx = \int_0^a [f(x) + f(-x)]dx$$

7. 구간 $[1, e^9]$에서 $y = \dfrac{\sqrt{\ln x}}{x}$의 평균값 M을 구하여라.

8. 함수 f가 모든 실수 x에 대하여 $\displaystyle\int_0^{x^2} (t+1)f(\sqrt{t})dt = \dfrac{1}{5}x^5 - x$이 성립할 때 $f(2)$의 값을 구하여라.

9. 다음 곡선으로 둘러싸인 도형의 넓이를 구하여라.

　　(1) 곡선 $2x = y^2$과 직선 $y = 2x - 2$

　　(2) 두 곡선 $y = \sin x$, $y = \cos x$, $0 \le x \le 2\pi$

　　(3) 두 곡선 $y = -x^2 + x + 5$, $y = x^2 - x + 1$

　　(4) 곡선 $y = (x+2)(x-1)(x-2)$와 직선 $y = x - 1$

10. 포물선 $x = y^2$과 원 $x^2 + y^2 = 2$로 둘러싸인 부분을 x축을 중심으로 회전시킨 회전체의 부피를 구하여라.

11. 곡선 $y^2 = x + 3$, x축, y축과 $x = a(a > 0)$로 둘러싸인 부분을 x축을 중심으로 회전시켜 얻은 회전체의 부피가 20π이다. 이때의 a의 값을 구하여라.

12. 다음 곡선의 길이를 구하여라.

　　(1) $y = x^3 + \dfrac{1}{2x}$ $(1 \le x \le 3)$

　　(2) $y = x^{\frac{3}{2}}$ $\left(0 \le x \le \dfrac{4}{3}\right)$

Appendix

부록

기호	뜻	기호	뜻
∞	무한대(infinity)	$\varnothing$	공집합
π	원주율 (pi)	$A \subset B$	A는 B의 (진)부분집합
e	오일러의 수	$A \subseteq B$	A는 B의 부분집합
i	허수 단위	$A \cup B$	A와 B의 합집합
$\sqrt{}$	제곱근	$A \cap B$	A와 B의 교집합
$a = b$	a와 b는 같다.	A^c	A의 여집합
$a \neq b$	a와 b는 같지 않다.	$A - B$, $A \backslash B$	A에 대한 B의 차집합
$a > b$, $a < b$	a는 b보다 크다. (작다.)	$f : X \rightarrow Y$	f는 X에서 Y로의 함수
$a \geq b$, $a \leq b$	a는 b보다 크거나 같다. (작거나 같다.)	f^{-1}	f의 역함수
$p \Rightarrow q$	p는 q이기 위한 충분조건	$\lceil x \rceil$	x보다 작지 않은 최소 정수 (ceiling function, 천장함수)
$p \Leftarrow q$	p는 q이기 위한 필요조건	$\lfloor x \rfloor$	x를 넘지 않는 최대 정수 (floor function, 바닥함수)
$p \Leftrightarrow q$	p와 q는 필요충분조건	a^x	지수함수
$x \in X$	x는 X의 원소	e^x, $\exp x$	자연지수함수
$x \notin X$	x는 X의 원소가 아니다.	$\log x$	로그함수
$\{,,\}$, $\{ \mid \}$	집합(원소나열법, 조건제시법)	$\ln x$	자연로그함수

기호	뜻	기호	뜻
$\displaystyle\sum_{k=1}^{n} a_k$	수열 a_k의 부분합	$\exists$	존재한다. (exist)
$\displaystyle\sum_{n=1}^{\infty} a_n$	무한급수	$\not\exists$	존재하지 않는다.
$\displaystyle\lim_{n\to\infty} a_n$	수열의 극한	$\exists!$	유일하게 존재한다.
$\displaystyle\lim_{x\to a} f(x)$	함수의 극한	$n!$	$n(n-1)\times\cdots\times 2\times 1$ n factorial
$\dfrac{df}{dx},\ f'$ $\dfrac{dy}{dx},\ y'$	함수 $y=f(x)$의 도함수	$\therefore$	따라서(because)
$\dfrac{d^n f}{dx^n},\ f^{(n)}$ $\dfrac{d^n y}{dx^n},\ y^{(n)}$	함수 $y=f(x)$의 n계 도함수	$\because$	왜냐하면(therefore)
$\displaystyle\int f(x)dx$	부정적분	$:,$ s.t.	다음과 같은 (so that, such that)
$\displaystyle\int_a^b f(x)dx$	정적분	e.g., ex.	예제(example)
iff	필요충분조건 (if and only if)	i.e.	즉(that is)
$\forall$	임의의, 모든 (for all)	$\blacksquare$, QED, q.e.d.	증명 끝

주 e.g.(exempli gratia), q.e.d.(quod erat demonstrandum), i.e.(id est) 라틴어

그리스 문자

그리스 문자	발음	그리스 문자	발음
A α	alpha 알파	N ν	nu 누
B β	beta 베타	Ξ ξ	xi 크사이(크시)
Γ γ	gamma 감마	O o	omicron 오미크론
Δ δ	delta 델타	Π π	pi 파이(피)
E ϵ	epsilon 엡실론	P ρ	rho 로
Z ζ	zeta 제타	Σ σ	sigma 시그마
H η	eta 에타	T τ	tau 타우
Θ θ	theta 세타	Y υ	upsilon 입실론
I ι	iota 이오타	Φ ϕ	phi 파이(피)
K κ	kappa 카파	X χ	chi 카이
Λ λ	lambda 람다	Ψ ψ	psi 프사이(프시이)
M μ	mu 뮤	Ω ω	omega 오메가

명수법(命數法)

1. 큰 수(大數)의 이름

이름		수	뜻
일	一	1	근본, 처음, 단위점
십	十	10	충족된 수(9+1=10)
백	百	10^2	온(우리말), 다수, 확실, 백성(百姓)
천	千	10^3	즈믄(우리말), 확실
만	萬	10^4	만(万)자의 변형문자, 많음, 만감(萬感), 만경창파(萬頃滄波)
억	億	10^8	무한한 시간, 영원한 세월, 억겁의 세월=億千萬劫,
조	兆	10^{12}	많음, 조민(兆民:많은 백성), 억조창생(億兆創生)
경	京	10^{16}	수도 서울 같이 높고 큰 수, 골(우리말), 골백번은 10^{18}
해	亥	10^{20}	땅의 끝
자	秭	10^{24}	벼 2백 뭇(볏단을 세는 단위)의 낱알의 개수
양	穰	10^{28}	풍년에 벼의 알이 다닥다닥 붙은 풍요로운 모습만큼의 수
구	溝	10^{32}	전답(田畓) 사이로 그물과 같이 얼크러진 수로의 모습
간	澗	10^{36}	산골짜기의 물의 흐름처럼 풍부함
정	正	10^{40}	정복, 으뜸, 안정을 나타내는 수
재	載	10^{44}	지혜의 양, 기록의 양
극	極	10^{48}	우주의 끝, 극에 도달하여 더 이상 큰 수는 없다는 것
항하사	恒河沙	10^{52}	항하(갠지스:Ganges)강변의 모래알의 수와 같은 실존의 수
아승기	阿僧祇	10^{56}	부처의 경지에 다다른 스님의 헤아릴 수 없는 마음의 수
나유타	那由他	10^{60}	여래의 마음에 가까운 근접의 수
불가사의	不可思議	10^{64}	사람의 생각으로 미루어 헤아릴 수 없는 신비의 수
무량수	無量數	10^{68}	모든 것을 담을 수 있는 넓고 큰 부처의 수

주 일~극 : 중국의 전통 수의 단위, 항하사~무량수 : 인도 불교의 용어

2. 작은 수(小數)의 이름

이름		수	뜻
분	分	10^{-1}	하나를 열 개로 쪼갠 한 조각의 크기
이	厘	10^{-2}	釐의 약자, 극소한 분량
호	毫	10^{-3}	毫는 뾰족한 가는 털
사	絲	10^{-4}	누에가 만드는 다섯 가닥 실의 한 가닥(명주실) 굵기
홀	忽	10^{-5}	홀연(忽然)히 사라지는 시간
미	微	10^{-6}	희미, 은밀, 미세(微細)함의 정도
섬	纖	10^{-7}	얇은 비단, 고운 삼베, 섬세(纖細)한 솜씨의 정도
사	沙	10^{-8}	먼지보다 큰 작은 모래알의 크기
진	塵	10^{-9}	속세의 티끌 먼지, 몸의 때
애	埃	10^{-10}	흙먼지, 마음속의 때
묘	渺	10^{-11}	아지랑이, 물이 아득하게 작게 보이는 모양(신기루)
막	漠	10^{-12}	사막에 물이 없는 정도
모호	模糊	10^{-13}	쌀알이 없는 죽에서 쌀알이 존재 정도, 애매모호(曖昧模糊)
준순	逡巡	10^{-14}	날 쌘 토끼의 동작 및 머뭇거림, 망설임
수유	須臾	10^{-15}	잠시 동안, 잠시간(暫時間)및 턱 밑 가는 수염의 크기
순식	瞬息	10^{-16}	눈을 깜빡거리는 시간, 숨 쉴 사이
탄지	彈指	10^{-17}	부처님의 손가락을 튕기는 정도의 시간
찰나	刹那	10^{-18}	더 이상 짧을 수 없는 시간, 찰나의 시간
육덕	六德	10^{-19}	여섯 가지 덕(知·仁·聖·義·忠·和)를 갖춘 바른 마음
허공	虛空	10^{-20}	부처님의 마음에 가까운 텅 비어있는 맑은 마음
청정	淸淨	10^{-21}	번뇌와 사욕이 없고 죄가 없는 밝고 맑고 바른 부처의 마음

㈜ 10%와 1%를 나타내는 할, 푼은 비율을 나타낸다.

1. 절댓값

실수 a에 대하여

(1) $|a| = \begin{cases} a, & a \geq 0 \\ -a, & a < 0 \end{cases}$

(2) $|-a| = |a|$

(3) $|-a| = |a|$

(4) $\left|\dfrac{a}{b}\right| = \dfrac{|a|}{|b|}$ (단, $b \neq 0$)

(5) $\sqrt{a^2} = |a|$

(6) $-|a| \leq a \leq |a|$

(7) $|a+b| \leq |a| + |b|$

(8) $|a| < |b| \Leftrightarrow a^2 < b^2$

2. 삼각함수

(1) $\sin^2\theta + \cos^2\theta = 1,\ 1 + \tan^2\theta = \sec^2\theta$

(2) $\sin(-\theta) = -\sin\theta,\ \cos(-\theta) = \cos\theta,\ \tan(-\theta) = -\tan\theta$

(3) $\sin\left(\dfrac{\pi}{2} \pm \theta\right) = \cos\theta,\ \cos\left(\dfrac{\pi}{2} \pm \theta\right) = \mp\sin\theta,\ \tan\left(\dfrac{\pi}{2} \pm \theta\right) = \mp\cot\theta$

(4) $\sin(\alpha + \beta) = \sin\alpha\cos\beta + \cos\alpha\sin\beta$

(5) $\cos(\alpha + \beta) = \cos\alpha\cos\beta - \sin\alpha\sin\beta$

(6) $\sin 2\theta = 2\sin\theta\cos\theta,\ \cos 2\theta = \cos^2\theta - \sin^2\theta$

(7) $\sin^2\dfrac{\theta}{2} = \dfrac{1 - \cos\theta}{2},\ \cos^2\dfrac{\theta}{2} = \dfrac{1 + \cos\theta}{2}$

3. 지수함수

양의 실수 a, b와 실수 x, y에 대하여

(1) $a^x a^y = a^{x+y}$

(2) $\left(a^x\right)^y = a^{xy}$

(3) $(ab)^x = a^x b^x$

(4) $a^{-x} = \dfrac{1}{a^x}$

(5) $\dfrac{a^x}{a^y} = a^{x-y}$

(6) $\left(\dfrac{a}{b}\right)^x = \dfrac{a^x}{b^x}$

4. 로그함수

실수 $a > 0$, $a \neq 1$와 $x > 0$, $y > 0$, z에 대하여

(1) $\log_a(xy) = \log_a x + \log_a y$

(2) $\log_a\left(\dfrac{x}{y}\right) = \log_a x - \log_a y$

(3) $\log_a(x^z) = z \log_a x$

5. 미분공식

두 함수 f, g가 미분가능일 때

(1) $\dfrac{d}{dx}[cf(x)] = c\left[\dfrac{d}{dx}f(x)\right] = cf'(x)$ (단, c는 상수)

(2) $\dfrac{d}{dx}[f(x) \pm g(x)] = \left[\dfrac{d}{dx}f(x)\right] \pm \left[\dfrac{d}{dx}g(x)\right] = f'(x) \pm g'(x)$

(3) (곱의 법칙) $\dfrac{d}{dx}[f(x)g(x)] = f'(x)g(x) + f(x)g'(x)$

(4) (몫의 법칙) $\dfrac{d}{dx}\left[\dfrac{f(x)}{g(x)}\right] = \dfrac{f'(x)g(x) - f(x)g'(x)}{[g(x)]^2}$ (단, $g(x) \neq 0$)

(5) (연쇄법칙)

함수 g가 x에서 미분가능하고 f가 $g(x)$에서 미분가능하면

$$\dfrac{d}{dx}[f(g(x))] = f'(g(x))g'(x) \text{ (단, } x \neq 0)$$

이다.

(6) $\dfrac{d}{dx}[f(x)^n] = n[f(x)]^{n-1}f'(x)$

(7) $\dfrac{d}{dx}[f^{-1}(x)] = g'(x) = \dfrac{1}{f'(g(x))}$ (단, $f^{-1}(x) = g(x)$)

6. 여러 함수의 도함수

(1) $\dfrac{d}{dx}c = 0$ (c는 상수)

(2) $\dfrac{d}{dx}x = 1$

(3) $\dfrac{d}{dx}x^r = rx^{r-1}$ (단, $x \neq 0$)

(4) $\dfrac{d}{dx}(\sin x) = \cos x$

(5) $\dfrac{d}{dx}(\cos x) = -\sin x$

(6) $\dfrac{d}{dx}(\tan x) = \sec^2 x$

(7) $\dfrac{d}{dx}(\csc x) = -\csc x \cot x$

(8) $\dfrac{d}{dx}(\sec x) = \sec x \tan x$

(9) $\dfrac{d}{dx}(\cot x) = -\csc^2 x$

(10) $\dfrac{d}{dx}(a^x) = a^x \ln a$ $(a > 0, a \neq 1)$

(11) $\dfrac{d}{dx}(e^x) = e^x$

(12) $\dfrac{d}{dx}\left[a^{f(x)}\right] = \left[a^{f(x)}\ln a\right]f'(x)$ $(a > 0, a \neq 1)$

(13) $\dfrac{d}{dx}\left[e^{f(x)}\right] = \left[e^{f(x)}\right]f'(x)$

(14) $\dfrac{d}{dx}(\ln x) = \dfrac{1}{x}$ $(x > 0)$

(15) $\dfrac{d}{dx}(\log_a x) = \dfrac{1}{\ln a}\dfrac{1}{x}$ $(a > 0, a \neq 1, x > 0)$

(16) $\dfrac{d}{dx}[\ln f(x)] = \dfrac{f'(x)}{f(x)}$ $(f(x) > 0)$

(17) $\dfrac{d}{dx}[\log_a f(x)] = \left[\dfrac{1}{\ln a}\dfrac{f'(x)}{f(x)}\right]$ $(a > 0, a \neq 1, f(x) > 0)$

7. 적분공식

(1) $\displaystyle\int x^r\,dx = \frac{1}{r+1}\,x^{r+1} + C, \quad r \neq -1$

(2) $\displaystyle\int \cos x\,dx = \sin x + C$

(3) $\displaystyle\int \sin x\,dx = -\cos x + C$

(4) $\displaystyle\int \sec^2 x\,dx = \tan x + C$

(5) $\displaystyle\int \csc^2 x\,dx = -\cot x + C$

(6) $\displaystyle\int \sec x \tan x\,dx = \sec x + C$

(7) $\displaystyle\int \csc x \cot x\,dx = -\csc x + C$

(8) $\displaystyle\int e^x\,dx = e^x + C$

(9) $\displaystyle\int a^x\,dx = \frac{1}{\ln a}\,a^x + C$

(10) $\displaystyle\int \frac{1}{x}\,dx = \ln|x| + C$

8. 이항정리

$$(a+b)^n = \sum_{k=0}^{n} \binom{n}{k} a^{n-k} b^k \quad \left(n \in \mathbb{N}, \ \binom{n}{k} = \frac{n(n-1)\cdots(n-k+1)}{k!} \right)$$

$$= a^n + n\,a^n b + \frac{n(n-1)}{2} a^{n-2} b^2 + \cdots + n\,ab^{n-1} + b^n$$

Chapter 1

1.2 연습문제

1. (1) $(x+2)(x+4) = 0$이므로 $x = -2, -4$이다.

(2) $(x-4)(x^2+4x+16) = 0$이다. 여기서 실수 x에 대하여

$$x^2 + 4x + 16 = (x+2)^2 + 12 \geq 12$$

이므로 $x^2+4x+16 = 0$을 만족하는 실수는 없다. 그러므로 $x = 4$이다.

(3) $(x+2)(x-1)\{x+2+2(x-1)\} = (x+2)(x-1)3x = 0$이므로 $x = -2, 0, 1$이다.

(4) $x^2(x+3) + (x+3) = (x^2+1)(x+3) = 0$이다. 여기서 항상 $x^2+1 \geq 1$이므로 $x^2+1 = 0$을 만족하는 실수는 없다. 그러므로 $x = -3$이다.

2. (1) $-5 < x-3 < 5 \Leftrightarrow -2 < x < 8$

(2) $-3x+1 \geq 2$, $-3x+1 \leq -2$이므로 $x \leq -\dfrac{1}{3}$, $x \geq 1$이다.

(3) 양변에 $(x^2+2)(x-2)^2 > 0$을 곱하면 $x(x-2)^2 < (x^2+2)(x-2)$이다.

$x^3 - 4x^2 + 4x < x^3 - 2x^2 + 2x - 4$이므로 $x < -1$, $x > 2$이다.

(4) 양변에 $(x-2)^2 > 0$을 곱하면 $(x-2)(x+1) \geq (x-2)^2$이다.

$x^2 - x - 2 \geq x^2 - 4x + 4$이므로 $3x \geq 6$이다.

그러므로 $x > 2$이다.

3. 양변에 x^2을 곱하면 $x^3 \geq x^2 + 6x$이므로 $x(x^2 - x - 6) \geq 0$이다.

(i) $x > 0$인 경우, $x^2 - x - 6 = (x-3)(x+2) \geq 0$이므로 $x \geq 3$이다.

(ii) $x < 0$인 경우, $x^2 - x - 6 = (x-3)(x+2) \leq 0$이므로 $-2 \leq x < 0$이다.

그러므로 $-2 \leq x < 0$, $x \geq 3$이다.

4. (1) (i) $2x+11 = -x+3$이므로 $x = -\dfrac{8}{3}$이다.

(ii) $2x+11 = -(-x+3)$이므로 $x = -14$이다.

(2) (i) $x^2+1 = x^2-1$, $\not\exists x$

(ii) $x^2+1 = -x^2+1$이면 $2x^2 = 0$이다.

그러므로 $x = 0$이다.

(3) $(|x-1|-1)(|x-1|+3) = 0$이므로 $|x-1| = 1$ 또는 $|x-1| = -3$이다.

$|x-1| = -3$을 만족하는 실수 x는 존재하지 않는다.

$x-1 = 1$, $x-1 = -1$이므로 $x = 2$, $x = 0$이다.

(4) (i) $x \geq -5$인 경우, $3x-2 = x+5$이므로 $x = \dfrac{7}{2}$이다.

(ii) $x < -5$인 경우, $3x-2 = -(x+5)$이므로 $x = -\dfrac{3}{4}$이다. $x > -5$이므로

$x = -\dfrac{3}{4}$은 근이 아니다.

그러므로 $x = \dfrac{7}{2}$이다.

1장 종합문제

1. (1) $(x+6)^2 = 4$이므로 $x+6 = 2$ 또는 $x+6 = -2$이다.

그러므로 $x = -4$, $x = -8$이다.

(2) $x^3 + 8 = (x+2)(x^2-2x+4) = 0$이다. 여기서 실수 x에 대하여

$$x^2 - 2x + 4 = (x-1)^2 + 3 \geq 3$$

이므로 $x^2 - 2x + 4 = 0$을 만족하는 실수는 없다. 그러므로 $x = -2$이다.

(3) $x^3 - 4x^2 + x + 6 = (x+1)(x-2)(x-3) = 0$이므로 $x = -1, 2, 3$이다.

(4) $x^4(x-1) - (x-1) = 0 \Leftrightarrow (x^4-1)(x-1) = 0 \Leftrightarrow (x^2-1)(x^2+1)(x-1) = 0$

$x^2 + 1 \geq 1$이므로 만족하는 실근은 $x = \pm 1$이다.

2. $\sqrt{(a+1)^2} = |a+1| = a+1$이다.

그러므로 준식$= a+1 - (a-4) - (a-5) = -a+10$이다.

3. (1) $|x-1| > \dfrac{2}{3} \Leftrightarrow x-1 > \dfrac{2}{3}$, $x-1 < -\dfrac{2}{3}$이다. 그러므로 $x > \dfrac{5}{3}$, $x < \dfrac{1}{3}$이다.

(2) $|x+3| < \dfrac{5}{7} \Leftrightarrow -\dfrac{5}{7} < x+3 < \dfrac{5}{7} \Leftrightarrow -\dfrac{26}{7} < x < -\dfrac{16}{7}$이다.

$x = -3$을 제외하면 $-\dfrac{26}{7} < x < -3$, $-3 < x < -\dfrac{16}{7}$이다.

(3) $|3x^2 - 1| \leq \dfrac{5}{2} \Leftrightarrow -\dfrac{5}{2} \leq 3x^2 - 1 \leq \dfrac{5}{2} \Leftrightarrow -\dfrac{1}{2} \leq x^2 \leq \dfrac{7}{6} \Leftrightarrow 0 \leq x^2 \leq \dfrac{7}{6}$

$\Leftrightarrow -\sqrt{\dfrac{7}{6}} \leq x \leq \sqrt{\dfrac{7}{6}}$

(4) $-1 < 3x+5 < 1 \iff -6 < 3x < -4 \iff -2 < x < -\dfrac{4}{3}$

4. (i) $x < -2$인 경우, $x-2 < 0$, $x+2 < 0$이므로 $x^2-4 > 0$이다.

양변에 (x^2-4)를 곱하면 $(x+2)(x+1) \le x(x-2)$이다.

$x^2+3x+2 \le x^2-2x \iff 5x \le -2$이므로 $x < -2$이다.

(ii) $-2 < x < 2$인 경우, $x-2 < 0$, $x+2 > 0$이므로 $x^2-4 < 0$이다.

$(x+2)(x+1) \le x(x-2) \Rightarrow 5x \ge -2$이므로 $-\dfrac{2}{5} \le x < 2$이다.

(iii) $x > 2$인 경우, $x \le -\dfrac{2}{5}$이므로 $x > 2$인 경우 $\not\exists x$이다.

그러므로 $x < -2$, $-\dfrac{2}{5} \le x < 2$이다.

(다른 풀이) 양변에 $(x-2)^2(x+2)^2$을 곱하면

$(x-2)(x+2)^2(x+1) \le x(x-2)^2(x+2)$

$(x-2)(x+2)\{(x+2)(x+1)-x(x-2)\} \le 0$

$(x-2)(x+2)(5x+2) \le 0$이다.

그러므로 $x < -2$, $-\dfrac{2}{5} \le x < 2$이다.

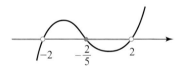

5. $x^2+2 \ge 0$이고 $(2x+1)^2 \ge 0$이다. 양변에 $\dfrac{(x^2+2)(x+3)^3}{(2x+1)^2}$을 곱하면

(i) $x < -3$인 경우 $(x-1)^{\frac{1}{3}} \le 0$이다.

$x < -3$과 $x \le 1$의 공통부분인 $x < -3$이다.

(ii) $x > -3$인 경우 $(x-1)^{\frac{1}{3}} \ge 0$이다.

$x > -3$과 $x \ge 1$의 공통부분인 $x \ge 1$이다.

그러므로 $x < -3$, $x \ge 1$이다.

Chapter 2

2.1 연습문제

1. (1) $\{-2, 1, 2\}$

(2)

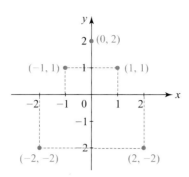

2. $\dfrac{f(a+h) - f(a)}{h} = \dfrac{2(a+h)^2 + 1 - (2a^2 + 1)}{h} = \dfrac{4ah + 2h^2}{h} = 4a + 2h$

3. (1) $\{x \in \mathbb{R} \,|\, x \neq -1\}$ (2) $\{x \in \mathbb{R} \,|\, x \neq \pm 3\}$

    (3) $\{x \in \mathbb{R} \,|\, x \geq -5\}$ (4) $\{x \in \mathbb{R} \,|\, -3 \leq x \leq 4\}$

4. $y = ax^2 + bx + c \, (a \neq 0)$라고 두자. 세 점 $(-1, 6), (0, 3), (1, 2)$을 대입하면 $6 = a - b + c$, $3 = c, 2 = a + b + c$이므로 $a = 1, b = -2, c = 3$이다.

그러므로 $f(x) = x^2 - 2x + 3$이다.

5. (1) $f(-x) = -(-x)^4 + 2(-x)^2 + 1 = -x^4 + 2x^2 + 1 = f(x)$이다. 그러므로 $f(x)$는 우함수이다.

    (2) $f(-x) = (-x)^2 - 3(-x) = x^2 + 3x$이다. $f(-x) \neq f(x)$, $f(-x) \neq -f(x)$이므로 $f(x)$는 우함수도 기함수도 아니다.

    (3) $f(-x) = (-x)^5 + (-x)^3 - (-x) = -x^5 - x^3 + x = -f(x)$이므로 $f(x)$는 기함수이다.

6. (1) $(f \circ f)(x) = f(f(x)) = 3(3x + 2) + 2 = 9x + 8$

    (2) $(f \circ g)(x) = f(g(x)) = 3(2x^2) + 2 = 6x^2 + 2$

    (3) $(g \circ f)(x) = g(f(x)) = 2(3x + 2)^2$

    (4) $(g \circ g \circ g)(x) = (g \circ g)(g(x)) = g(g(g(x))) = 2(2(2x^2)^2)^2 = 128x^8$

7. (1) 함수 f는 일대일 함수이므로 역함수를 갖는다. $y = f(x)$라 두면 $y = 3x + 2$이고 x와 y를 바꾸면 $x = 3y + 2$이다. 그러므로 $f^{-1}(x) = \dfrac{1}{3}x - \dfrac{2}{3}$이다.

(2) 함수 f는 $x \geq 1$에서 일대일 함수이므로 역함수를 갖는다.

$y = f(x)$라 두면 $y = \sqrt{x-1} + 2$이고 x와 y를 바꾸면 $x = \sqrt{y-1} + 2$이다.

$(x-2)^2 = (\sqrt{y-1})^2$이므로 $y - 1 = x^2 - 4x + 4$이다.

그러므로 $y = x^2 - 4x + 5 \ (x \geq 2)$이다.

8. (id는 항등함수이다.)

(i) $(f \circ g) \circ (g^{-1} \circ f^{-1}) = f \circ (g \circ g^{-1}) \circ f^{-1} = f \circ id \circ f^{-1} = f \circ f^{-1} = id$

(ii) $(g^{-1} \circ f^{-1}) \circ (f \circ g) = g^{-1} \circ (f^{-1} \circ f) \circ g = g^{-1} \circ id \circ g = g^{-1} \circ g = id$

그러므로 $(f \circ g)^{-1}(x) = (g^{-1} \circ f^{-1})(x)$이다.

9. 직사각형의 가로의 길이를 a, 세로의 길이를 b라고 하면 $b = (200 - 2a)/2 = 100 - a$이다.

그러므로 울타리의 넓이를 나타내는 함수 $S(a) = a(100 - a) = -a^2 + 100a$이다.

2.2 연습문제

1. (1) $\pi = 180°$이므로 $\dfrac{\pi}{4} = \dfrac{1}{4} \times 180° = 45°$이다.

(2) $\dfrac{5}{3}\pi = \dfrac{5}{3} \times 180° = 300°$

(3) $-\dfrac{11}{6}\pi = -\dfrac{11}{6} \times 180° = -330°$

2. (1) $1° = \dfrac{\pi}{180}$이므로 $270° = 270 \times \dfrac{\pi}{180} = \dfrac{3}{2}\pi$이다.

(2) $-135° = -135 \times \dfrac{\pi}{180} = -\dfrac{3}{4}\pi$

(3) $150° = 150 \times \dfrac{\pi}{180} = \dfrac{5}{6}\pi$

3. (1) $1 + \tan^2\theta = 1 + \dfrac{\sin^2\theta}{\cos^2\theta} = \dfrac{\cos^2\theta + \sin^2\theta}{\cos^2\theta} = \dfrac{1}{\cos^2\theta} = \sec^2\theta$

(2) $1 + \cot^2\theta = 1 + \dfrac{\cos^2\theta}{\sin^2\theta} = \dfrac{\sin^2\theta + \cos^2\theta}{\sin^2\theta} = \dfrac{1}{\sin^2\theta} = \csc^2\theta$

4. θ가 제 2사분면 각이므로 $\sin\theta > 0$, $\cot\theta < 0$이다.

$\sin\theta = \sqrt{1 - \cos^2\theta} = \dfrac{4}{5}$, $\cot\theta = \dfrac{\cos\theta}{\sin\theta} = -\dfrac{3}{4}$이므로 $5\sin\theta - 4\cot\theta = 7$이다.

5. (1) $\cos\dfrac{\pi}{3} = \dfrac{1}{2}$이므로 $x = \dfrac{\pi}{3}, \dfrac{5}{3}\pi$이다.(그래프 참고)

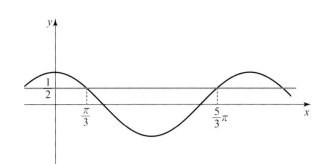

(2) $x \neq \dfrac{\pi}{2},\ \dfrac{3}{2}\pi$이므로 $\dfrac{\sin x}{\cos x} = -1$이다. 즉 $\tan x = -1$이므로 $x = \dfrac{3}{4}\pi,\ \dfrac{7}{4}\pi$이다.

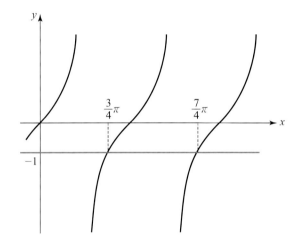

(3) $\tan x (\tan x + 1) = 0$이므로 $\tan x = 0$ 또는 $\tan x = -1$이다.

$x = 0,\ \pi,\ 2\pi$일 때, $\tan x = 0$이고 $x = \dfrac{3}{4}\pi,\ \dfrac{7}{4}\pi$일 때 $\tan x = -1$이다. ($\because$ (2) 참고)

(4) $\sin^2 x - 3\cos x - 3 = (1 - \cos^2 x) - 3\cos x - 3 = 0$이면

$\cos^2 x + 3\cos x + 2 = (\cos x + 1)(\cos x + 2) = 0$이다. $\cos x = -1$이므로 $x = \pi$이다.

6. (1) $\sin x > \dfrac{\sqrt{3}}{2}$ 인 x는 $\dfrac{\pi}{3} < x < \dfrac{2}{3}\pi$이다. (그래프 참고)

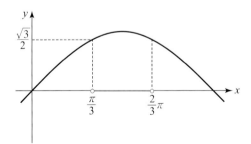

(2) $0 \leq x \leq 2\pi$에서 $\cos x$ 그래프는

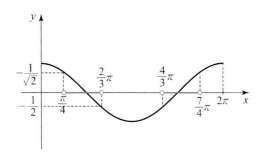

이므로 $\dfrac{\pi}{4} < x < \dfrac{2}{3}\pi$ 또는 $\dfrac{4}{3}\pi < x < \dfrac{7}{4}\pi$이다.

(3) $\sqrt{3}\sec^2 x - 4\tan x = \sqrt{3}(\tan^2 x + 1) - 4\tan x = \sqrt{3}\tan^2 x - 4\tan x + \sqrt{3}$
$$= (\sqrt{3}\tan x - 1)(\tan x - \sqrt{3}) < 0$$

이므로 $\dfrac{1}{\sqrt{3}} < \tan x < \sqrt{3}$이다.

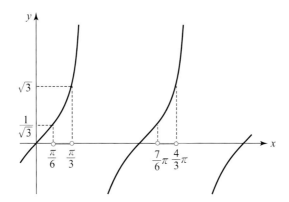

그러므로 $\dfrac{\pi}{6} < x < \dfrac{\pi}{3}$, $\dfrac{7}{6}\pi < x < \dfrac{4}{3}\pi$이다.

(4) $\sin 2x = 2\sin x \cos x > 0$이므로 $\sin x > 0$이고 $\cos x > 0$인 $0 < x < \dfrac{\pi}{2}$ 또는
$\sin x < 0$이고 $\cos x < 0$인 $\pi < x < \dfrac{3}{2}\pi$이다.

7. $\sin(2\pi - \theta) = -\sin\theta$, $\cos(-\theta) = \cos\theta$, $\sin\left(\dfrac{3}{2}\pi + \theta\right) = -\cos\theta$,

$\sin(\theta - \pi) = -\sin(\pi - \theta) = -\sin\theta$이므로 식의 값은 0이다.

8. $\cos\theta = \dfrac{1}{\sqrt{2}}$인 일반해 $\theta = 2n\pi \pm \dfrac{\pi}{4}(n \in \mathbb{Z})$이므로 $\cos\left(x + \dfrac{\pi}{6}\right) = \dfrac{1}{\sqrt{2}}$이면

$x + \dfrac{\pi}{6} = -\dfrac{\pi}{4}, \dfrac{\pi}{4}$이다. 그러므로 $x = -\dfrac{5}{12}\pi, \dfrac{\pi}{12}$이다.

9. $y = 2x + 1$과 x축이 이루는 각을 α라고 하면 $\tan\alpha = 2$이고 $y = \dfrac{1}{3}x - 2$과 x축이 이루는 각을 β라고 하면 $\tan\beta = \dfrac{1}{3}$이다. 두 직선이 이루는 예각은 $\theta = \alpha - \beta$이므로

$$\tan(\alpha - \beta) = \frac{\tan\alpha - \tan\beta}{1 + \tan\alpha \tan\beta} = \frac{\dfrac{5}{3}}{\dfrac{5}{3}} = 1 \text{이다. 그러므로 } \alpha - \beta = \frac{\pi}{4} \text{이다.}$$

10. $\dfrac{\cos\theta}{1 - \tan\theta} + \dfrac{\sin\theta}{1 - \cot\theta} = \dfrac{\cos\theta}{1 - \dfrac{\sin\theta}{\cos\theta}} + \dfrac{\sin\theta}{1 - \dfrac{\cos\theta}{\sin\theta}} = \dfrac{\cos^2\theta - \sin^2\theta}{\cos\theta - \sin\theta} = \cos\theta + \sin\theta$

2.3 연습문제

1. (1) $\left\{ x \in \mathbb{R} \,\middle|\, x < \dfrac{1}{2} \right\}$

(2) $\{ x \in \mathbb{R} \mid x \neq 3 \}$

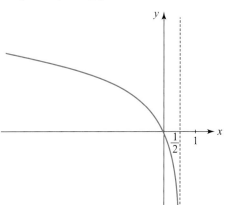

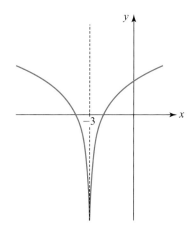

(3) $\{ x \in \mathbb{R} \mid -2 < x < 2 \}$

(4) $\{ x \in \mathbb{R} \mid x > -3 \}$

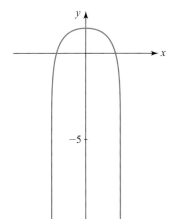

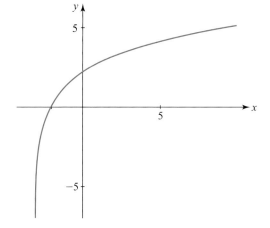

2. (1)

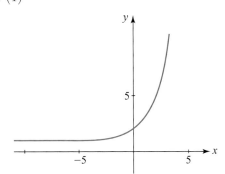

(2)

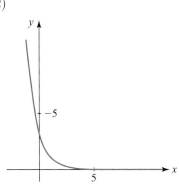

(3)

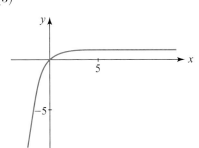

(4)

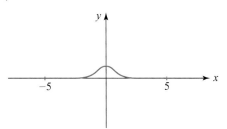

3. (1) $\log_7 7^2 = 2\log_7 7 = 2$

(2) $\log_{\frac{1}{2}} 256 = \log_{2^{-1}} 2^8 = -\frac{8}{1}\log_2 2 = -8$

(3) $\log_8 10 - \log_2 5 = \log_{2^3} 10 - \log_2 5 = \frac{1}{3}\log_2 10 - \log_2 5 = \log_2 10^{\frac{1}{3}} - \log_2 5$

$$= \log_2 \frac{\sqrt[3]{10}}{5}$$

(4) $\log_{243} 9 = \log_{3^5} 3^2 = \frac{2}{5}\log_3 3 = \frac{2}{5}$

4. (1) $\ln\dfrac{x^3}{yz^4}$ 　　　　　(2) $\dfrac{1}{h}\ln\left(\dfrac{x+h}{x}\right)$ 　　　　　(3) $\ln\left(\sqrt{x}\,(2y+1)\right)$

5. (1) $\ln 3 + \ln e^{2x-1} = \ln 3 + 2x - 1$ 　　　　　(2) $\ln\pi\ln e = \ln\pi$

(3) $\log_{3^{-2}} 3^x = -\dfrac{x}{2}$

(4) $\ln\dfrac{(2+\sqrt{4-x^2}\,)(2+\sqrt{4-x^2}\,)}{(2-\sqrt{4-x^2}\,)(2+\sqrt{4-x^2}\,)} = \ln\dfrac{(2+\sqrt{4-x^2}\,)^2}{x^2} = 2\ln(2+\sqrt{4-x^2}\,) - \ln x^2$

6. (1) $e^x(x^2-1) = 0$이고 $e^x > 0$이므로 $x = \pm 1$이다.

(2) $e^{-x}(2-x) = 0$이므로 $x = 2$이다.

7. (1) $\dfrac{x^2}{(x-2)^2} = 4 \Leftrightarrow 4(x^2-4x+4) = x^2 \Leftrightarrow 3x^2 - 16x + 16 = 0 \Leftrightarrow x = \dfrac{4}{3}, 4$

(2) $\dfrac{x+2}{3} = x^2 \Leftrightarrow 3x^2 - x - 2 = 0 \Leftrightarrow x = 1, \; x = -\dfrac{2}{3} \; (x+2 > 0)$

2장 종합문제

1. (1) 정의역은 $\mathbb{R}$이고 치역은 $\{y \in \mathbb{R} \,|\, 0 \le y \le 2\}$이다.

(2) 정의역은 $\{x \in \mathbb{R} \,|\, x > -3\}$이고 치역은 $\mathbb{R}$이다.

2. (1) $(f \circ g)(x) = f(g(x)) = f(\cos x) = 1 - 2\cos x$이고 정의역은 $\mathbb{R}$이다.

(2) $(g \circ f)(x) = g(f(x)) = g(1-2x) = \cos(1-2x)$이고 정의역은 $\mathbb{R}$이다.

3. $f(-x) = \dfrac{e^{-x} + e^{-(-x)}}{2} = \dfrac{e^x + e^{-x}}{2} = f(x)$이므로 $f(x)$는 우함수이고 그래프는

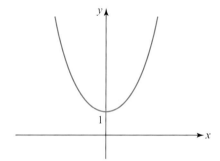

이다.

4. (1) $y = e^{x-1}$이라 두고 x와 y를 바꾸면 $x = e^{y-1}$이다. 양변에 자연로그함수를 취하면 $\ln x = y - 1$이다. $y = \ln x + 1$이므로 $f^{-1}(x) = \ln x + 1 \; (x > 0)$이다.

(2) $y = \ln(x+5)$라 두고 x와 y를 바꾸면 $x = \ln(y+5)$이다. $e^x = e^{\ln(y+5)} = y + 5$이므로 $f^{-1}(x) = e^x - 5$이다.

5.

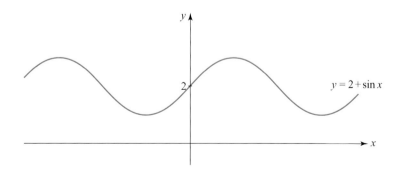

6. $(\sin x + \cos x)^2 = \sin x + 2\cos x$

$\Rightarrow \sin^2 x + 2\sin x \cos x + \cos^2 x = \sin x + 2\cos x$

$\Rightarrow 2\sin x \cos x - 2\cos x - \sin x + 1 = 0 \Rightarrow 2\cos x(\sin x - 1) - (\sin x - 1) = 0$

$\Rightarrow (\sin x - 1)(2\cos x - 1) = 0 \Rightarrow \sin x = 1, \ \cos x = \dfrac{1}{2}$

그러므로 $x = \dfrac{\pi}{2}, \dfrac{\pi}{3}, \dfrac{5\pi}{3}$ 이다.

7. (1) $e^x - 3e^{-x} = 2$ 의 양변에 e^x 를 곱하면

$\Rightarrow e^{2x} - 2e^x - 3 = 0 \Rightarrow (e^x + 1)(e^x - 3) = 0 \Rightarrow e^x = -1, \ e^x = 3$

$\Rightarrow e^x > 0$ 이므로 $e^x = 3$ 이다. 그러므로 $x = \ln 3$ 이다.

(2) $\ln(x-2) + \ln(x-3) = 20 \Rightarrow \ln\{(x-2)(x-3)\} = \ln 20$

$\Rightarrow x^2 - 5x + 6 = 20 \Rightarrow x = -2, \ x = 7$

그러므로 $x > 3$ 이므로 $x = 7$ 이다.

8. (1) 5시간 후의 개체 수는 $y(5) = y_0 e^{5k}$ 이고 초기의 개체 수 $y(0)$의 2배이므로 $2y_0 = y_0 e^{5k}$

이다. $e^{5k} = 2$ 로부터 $5k = \ln 2$ 이므로 $k = \dfrac{\ln 2}{5}$ 이다. 3시간 후의 개체 수

$y(3) = y_0 e^{3 \times \frac{\ln 2}{5}} = 3000$ 이므로 $y_0 = \dfrac{3000}{2^{\frac{3}{5}}}$ 이다.

(2) $y(12) = y_0 \cdot e^{12k} = \dfrac{3000}{2^{\frac{3}{5}}} \cdot e^{\frac{12}{5}\ln 2} = \dfrac{3000}{2^{\frac{3}{5}}} \cdot 2^{\frac{12}{5}} = 3000 \cdot 2^{\frac{9}{5}}$ 이다.

Chapter 3

3.1 연습문제

1. (1) $a_n = \dfrac{n}{n+1}$ (2) $a_n = (-1)^n \dfrac{n}{5^n}$

2. $\dfrac{1}{k(k+1)} = \dfrac{1}{k} - \dfrac{1}{k+1}$ 이므로

$\displaystyle\sum_{k=1}^{n} \dfrac{1}{k(k+1)} = \left(\dfrac{1}{1} - \dfrac{1}{2}\right) + \left(\dfrac{1}{2} - \dfrac{1}{3}\right) + \left(\dfrac{1}{3} - \dfrac{1}{4}\right) + \cdots + \left(\dfrac{1}{n} - \dfrac{1}{n+1}\right) = 1 - \dfrac{1}{n+1}$ 이다.

3. (i) $r > 1$ 이면 $\displaystyle\lim_{n \to \infty} r^n = \infty$ 이다.

$r = 1$ 이면 $\displaystyle\lim_{n \to \infty} r^n = \lim_{n \to \infty} 1^n = 1$ 이다.

(ii) $0 < r < 1$이면 $\lim\limits_{n \to \infty} r^n = 0$이다.

    $r = 0$이면 $\lim\limits_{n \to \infty} r^n = \lim\limits_{n \to \infty} 0^n = 0$이다.

(iii) $-1 < r < 0$이면 $0 < |r| < 1$이므로 $\lim\limits_{n \to \infty} |r^n| = 0$이다. 조임정리의 따름정리에 의하여

    $\lim\limits_{n \to \infty} r^n = 0$이다.

(iv) $r \leq -1$이면 r^n은 진동(발산)한다.

그러므로 $-1 < r \leq 1$일 때 $\{r^n\}$은 수렴한다.

4. (1) $\lim\limits_{n \to \infty} \dfrac{n^2 + 1}{n + 1} = \lim\limits_{n \to \infty} \dfrac{n + \dfrac{1}{n}}{1 + \dfrac{1}{n}} = \infty$

   (2) $\lim\limits_{n \to \infty} \dfrac{4n^2 + 3}{3n^2 - 1} = \lim\limits_{n \to \infty} \dfrac{4 + \dfrac{3}{n^2}}{3 - \dfrac{1}{n^2}} = \dfrac{4}{3}$

   (3) $\lim\limits_{n \to \infty} \dfrac{n + 2}{n^2 + 1} = \lim\limits_{n \to \infty} \dfrac{\dfrac{1}{n} + \dfrac{1}{n^2}}{1 + \dfrac{1}{n^2}} = 0$

   (4) $\{\cos(n\pi)\} = \{-1, 1, -1, 1, \cdots\}$이므로 진동(발산)한다.

   (5) $a_n = \dfrac{e^n}{3^n} = \left(\dfrac{e}{3}\right)^n$이고 $\dfrac{e}{3} < 1$이므로 $\lim\limits_{n \to \infty} \dfrac{e^n}{3^n} = 0$이다.

   (6) $\lim\limits_{n \to \infty} \dfrac{(\sqrt{n^2 + 1} - \sqrt{n^2 - 1})(\sqrt{n^2 + 1} + \sqrt{n^2 - 1})}{\sqrt{n^2 + 1} + \sqrt{n^2 - 1}} = \lim\limits_{n \to \infty} \dfrac{2}{\sqrt{n^2 + 1} + \sqrt{n^2 - 1}} = 0$

   (7) $a_n = \dfrac{n!}{n^n} = \dfrac{1 \cdot 2 \cdot 3 \cdot \cdots \cdot n}{n \cdot n \cdot n \cdot \cdots \cdot n} = \dfrac{1}{n}\left(\dfrac{2 \cdot 3 \cdot \cdots \cdot n}{n \cdot n \cdot \cdots \cdot n}\right)$이므로 $0 < a_n \leq \dfrac{1}{n}$이다.

      조임정리에 의하여 $\lim\limits_{n \to \infty} a_n = 0$이다.

   (8) $\lim\limits_{n \to \infty} \dfrac{4^n}{5^n - 3^n} = \lim\limits_{n \to \infty} \dfrac{\left(\dfrac{4}{5}\right)^n}{1 - \left(\dfrac{3}{5}\right)^n} = 0$

5. (i) $n = 1$: $a_2 - a_1 = \sqrt{2 + a_1} - \sqrt{2} > 0$

     $n = k - 1$: $a_k - a_{k-1} > 0$을 만족한다고 하자.

     $n = k$: $a_{k+1} - a_k = \sqrt{2 + a_k} - \sqrt{2 + a_{k-1}} > 0$이다.

수학적 귀납법에 의하여 $a_{n+1} - a_n > 0$이므로 $\{a_n\}$은 증가수열이다.

(ii) $n = 1$: $a_1 = \sqrt{2} \leq 2$

$n = k-1$: $a_{k-1} \leq 2$라고 하면

$n = k$: $a_k = \sqrt{2 + a_{k-1}} \leq \sqrt{2+2} = 2$이다.

수학적 귀납법에 의하여 $a_n \leq 2$이므로 $\{a_n\}$은 유계인 수열이다.

(i), (ii)에 의해 $\{a_n\}$은 수렴한다.

(iii) $\{a_n\}$이 수렴하므로 $\lim\limits_{n \to \infty} a_n = L$이라 두면 $\lim\limits_{n \to \infty} a_{n+1} = L$이다. $a_{n+1} = \sqrt{2 + a_n}$ 의 양변에 극한을 취하면 $L = \sqrt{2 + L}$ 이므로 $L = 2$이다.

6. (1) n년 뒤 원리합계를 a_n이라고 하면 $a_n = 10^6 \times (1 + 0.05)^n$이다.

(2) $1.05 > 1$이므로 $\lim\limits_{n \to \infty} (1.05)^n = \infty$이다.

$\lim\limits_{n \to \infty} a_n = \lim\limits_{n \to \infty} 10^6 \times (1.05)^n = 10^6 \lim\limits_{n \to \infty} (1.05)^n = \infty$ 이다.

3.2 연습문제

1. (1) 일반항 $a_n = \dfrac{n}{n+1}$ 의 극한은 $\lim\limits_{n \to \infty} a_n = \lim\limits_{n \to \infty} \dfrac{n}{n+1} = 1 \neq 0$이므로 급수 $\sum\limits_{n=1}^{\infty} \dfrac{n}{n+1}$ 은 발산한다.

(2) 일반항 $a_n = \dfrac{1}{(3n-1)(3n+2)} = \dfrac{1}{3}\left[\dfrac{1}{3n-1} - \dfrac{1}{3n+2}\right]$ $(\because$ 부분분수$)$이므로 부분합

$$S_n = \sum_{k=1}^{n} \frac{1}{(3k-1)(3k+2)}$$

$$= \frac{1}{3} \sum_{k=1}^{n} \left[\frac{1}{3k-1} - \frac{1}{3k+2} \right]$$

$$= \frac{1}{3} \left[\left(\frac{1}{2} - \frac{1}{5} \right) + \left(\frac{1}{5} - \frac{1}{8} \right) + \left(\frac{1}{8} - \frac{1}{11} \right) + \cdots + \left(\frac{1}{3n-1} + \frac{1}{3n+2} \right) \right]$$

$$= \frac{1}{3} \left[\frac{1}{2} - \frac{1}{3n+2} \right]$$

이다. 따라서 급수 $\sum\limits_{n=1}^{\infty} \dfrac{1}{(3n-1)(3n+2)} = \lim\limits_{n \to \infty} S_n = \lim\limits_{n \to \infty} \dfrac{1}{3}\left[\dfrac{1}{2} - \dfrac{1}{3n+2}\right] = \dfrac{1}{6}$ 으로 수렴한다.

(3) 분모를 유리화하면 $\dfrac{1}{\sqrt{n} + \sqrt{n+2}} = \dfrac{\sqrt{n} - \sqrt{n+2}}{-2} = \dfrac{1}{2}(\sqrt{n+2} - \sqrt{n})$이다. 급수

$$\sum_{n=1}^{\infty} \frac{1}{\sqrt{n}+\sqrt{n+2}} = \lim_{n \to \infty}\left[\sum_{k=1}^{n} \frac{1}{2}\left(\sqrt{k+2}-\sqrt{k}\right)\right]$$

$$= \lim_{n \to \infty} \frac{1}{2}\left[-1-\sqrt{2}+\sqrt{n+1}+\sqrt{n+2}\right] = \infty$$

이므로 급수는 발산한다.

(4) 일반항 $a_n = 1 - \dfrac{1}{2^n}$ 의 극한 $\displaystyle\lim_{n \to \infty}\left(1 - \dfrac{1}{2^n}\right) = 1 \neq 0$ 이므로 급수는 발산한다.

(5) 부분합 $S_n = \displaystyle\sum_{k=3}^{n} \ln \dfrac{k-1}{k-2} = \ln\dfrac{2}{1} + \ln\dfrac{3}{2} + \ln\dfrac{4}{3} + \cdots + \ln\dfrac{n-1}{n-2}$

$$= \ln\left(\dfrac{2}{1} \cdot \dfrac{3}{2} \cdot \dfrac{4}{3} \cdot \cdots \cdot \dfrac{n-1}{n-2}\right) = \ln(n-1)$$

이다. 급수 $\displaystyle\sum_{n=3}^{\infty} \ln \dfrac{n-1}{n-2} = \lim_{n \to \infty} S_n = \lim_{n \to \infty} \ln(n-1) = \infty$ 이므로 발산한다.

(6) 일반항 $a_n = \dfrac{n^3}{3n^3 + 2n^2}$ 의 극한 $\displaystyle\lim_{n \to \infty} \dfrac{n^3}{3n^3 + 2n^2} = \dfrac{1}{3} \neq 0$ 이므로 급수는 발산한다.

2. 급수 $\displaystyle\sum_{n=1}^{\infty}(a_n - 2)$ 가 수렴하면 $\displaystyle\lim_{n \to \infty}(a_n - 2) = 0$ 이므로 $\displaystyle\lim_{n \to \infty} a_n = 2$ 이다.

3. (1) $\sin\dfrac{\pi}{4} + \sin^2\dfrac{\pi}{4} + \sin^3\dfrac{\pi}{4} + \cdots = \dfrac{\sqrt{2}}{2} + \left(\dfrac{\sqrt{2}}{2}\right)^2 + \left(\dfrac{\sqrt{2}}{2}\right)^3 + \cdots = \displaystyle\sum_{n=1}^{\infty}\left(\dfrac{\sqrt{2}}{2}\right)^n$ 이다.

$\left|\dfrac{\sqrt{2}}{2}\right| < 1$ 이므로 급수는 수렴하고 그 합은 $\dfrac{\dfrac{\sqrt{2}}{2}}{1 - \dfrac{\sqrt{2}}{2}} = \sqrt{2} + 1$ 이다.

(2) $2 + \sqrt{2} + 1 + \dfrac{1}{\sqrt{2}} + \cdots = \displaystyle\sum_{n=1}^{\infty} 2\left(\dfrac{\sqrt{2}}{2}\right)^{n-1}$ 이고 $\left|\dfrac{\sqrt{2}}{2}\right| < 1$ 이므로 급수는 수렴하고 그

합은 $\dfrac{2}{1 - \dfrac{\sqrt{2}}{2}} = 4 + 2\sqrt{2}$ 이다.

(3) $1 - \dfrac{3}{2} + \dfrac{9}{4} - \dfrac{27}{8} + \cdots = \displaystyle\sum_{n=1}^{\infty}\left(-\dfrac{3}{2}\right)^{n-1}$ 이고 $\left|-\dfrac{3}{2}\right| > 1$ 이므로 급수는 발산한다.

(4) $1 + (\sqrt{5} - 2) + (\sqrt{5} - 2)^2 + (\sqrt{5} - 2)^3 + \cdots = \displaystyle\sum_{n=1}^{\infty}(\sqrt{5} - 2)^{n-1}$ 이고 $|\sqrt{5} - 2| < 1$

이므로 급수는 수렴하고 그 합은 $\dfrac{1}{1 - (\sqrt{5} - 2)} = \dfrac{3 + \sqrt{5}}{4}$ 이다.

4. 두 기하급수 $\displaystyle\sum_{n=1}^{\infty}\left(\dfrac{1}{2}\right)^{n-1}$ 와 $\displaystyle\sum_{n=1}^{\infty} 5\left(\dfrac{1}{3}\right)^{n-1}$ 은 각각 2와 $\dfrac{15}{2}$ 로 수렴한다.

따라서 급수 $\sum\limits_{n=1}^{\infty}\left[\left(\dfrac{1}{2}\right)^{n-1}-5\left(\dfrac{1}{3}\right)^{n-1}\right]=\sum\limits_{n=1}^{\infty}\left(\dfrac{1}{2}\right)^{n-1}-\sum\limits_{n=1}^{\infty}5\left(\dfrac{1}{3}\right)^{n-1}=2-\dfrac{15}{2}=-\dfrac{11}{2}$

이다.

5. $0.515151\cdots=0.51+0.0051+00.000051+\cdots=\sum\limits_{n=1}^{\infty}(0.51)(0.01)^{n-1}$ 이다.

따라서 주어진 기하급수는 $\dfrac{0.51}{1-0.01}=\dfrac{51}{99}$ 로 수렴한다.

6. 공이 움직인 거리는

$$100+50+50+25+25+\dfrac{25}{2}+\dfrac{25}{2}+\cdots=\left(100+50+25+\dfrac{25}{2}+\cdots\right)+\left(50+25+\dfrac{25}{2}+\cdots\right)$$

$$=\sum\limits_{n=1}^{\infty}100\left(\dfrac{1}{2}\right)^{n-1}+\sum\limits_{n=1}^{\infty}50\left(\dfrac{1}{2}\right)^{n-1}=\dfrac{100}{1-\dfrac{1}{2}}+\dfrac{50}{1-\dfrac{1}{2}}=300\,\text{이다.}$$

7.

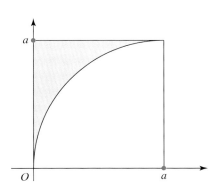

위 그래프에서 색칠된 부분의 넓이는 $a^2-\dfrac{a^2}{4}\pi$ 이다.

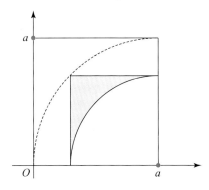

위 그래프에서 색칠된 부분의 넓이는 $\dfrac{a^2}{2}-\dfrac{a^2}{8}\pi$ 이므로 색칠한 부분의 넓이의 합은

$$\sum_{n=1}^{\infty}\left(a^2 - \frac{a^2}{4}\pi\right)\left(\frac{1}{2}\right)^{n-1} = \frac{a^2 - \frac{a^2}{4}\pi}{1 - \frac{1}{2}} = 2a^2\left(1 - \frac{\pi}{4}\right)$$이다.

3.3 연습문제

1. (1) $\lim\limits_{x \to 1}(x^3 - 3x^2 + 2x + 5) = 5$

(2) $\lim\limits_{x \to 2}\dfrac{x^2 + 3x - 10}{x - 2} = \lim\limits_{x \to 2}\dfrac{(x-2)(x+5)}{x-2} = \lim\limits_{x \to 2}(x + 5) = 7$

(3) $\lim\limits_{x \to 1}\dfrac{x - 1}{x^2 - 1} = \lim\limits_{x \to 1}\dfrac{x-1}{(x-1)(x+1)} = \lim\limits_{x \to 1}\dfrac{1}{x + 1} = \dfrac{1}{2}$

2. $\lim\limits_{x \to 0^-}\dfrac{|x|}{x} = \lim\limits_{x \to 0^-}\dfrac{-x}{x} = \lim\limits_{x \to 0^-}(-1) = -1$ 이고 $\lim\limits_{x \to 0^+}\dfrac{|x|}{x} = \lim\limits_{x \to 0^+}\dfrac{x}{x} = \lim\limits_{x \to 0^+}1 = 1$ 이다.

$\lim\limits_{x \to 0^-}\dfrac{|x|}{x} \neq \lim\limits_{x \to 0^+}\dfrac{|x|}{x}$ 이므로 극한은 존재하지 않는다.

3. 모든 $x(\neq 0)$에 대하여 $-1 \leq \cos\dfrac{1}{x} \leq 1$ 이므로 $-x^2 \leq x^2\cos\dfrac{1}{x} \leq x^2$ 이다.

$\lim\limits_{x \to 0}(-x^2) = \lim\limits_{x \to 0}x^2 = 0$ 이므로 조임정리에 의하여 $\lim\limits_{x \to 0}x^2\cos\dfrac{1}{x} = 0$ 이다.

4. (1) $\lim\limits_{x \to 0}\dfrac{\sin 5x}{4x} = \lim\limits_{x \to 0}\left(\dfrac{\sin 5x}{5x} \times \dfrac{5}{4}\right) = \dfrac{5}{4}$

(2) $\lim\limits_{x \to 0}\dfrac{\sin 5x}{\sin 2x} = \lim\limits_{x \to 0}\left(\dfrac{\dfrac{\sin 5x}{5x}}{\dfrac{\sin 2x}{2x}} \times \dfrac{5}{2}\right) = \dfrac{5}{2}$

(3) $\lim\limits_{x \to 0}\dfrac{\tan x}{x} = \lim\limits_{x \to 0}\left(\dfrac{\sin x}{\cos x} \cdot \dfrac{1}{x}\right) = \lim\limits_{x \to 0}\left(\dfrac{\sin x}{x} \cdot \dfrac{1}{\cos x}\right)$

$\qquad\qquad = \lim\limits_{x \to 0}\left(\dfrac{\sin x}{x}\right) \cdot \lim\limits_{x \to 0}\left(\dfrac{1}{\cos x}\right) = 1$

(4) $\lim\limits_{x \to 0}\dfrac{1 - \cos x}{x} = \lim\limits_{x \to 0}\dfrac{\sin^2 x}{x(1 + \cos x)} = \lim\limits_{x \to 0}\dfrac{\sin x}{x} \cdot \lim\limits_{x \to 0}\dfrac{\sin x}{1 + \cos x} = 1 \cdot 0 = 0$

(5) $\lim\limits_{x \to \infty}\dfrac{3x^2 - x}{2x^2 + 4} = \lim\limits_{x \to \infty}\dfrac{3 - \dfrac{1}{x}}{2 + \dfrac{4}{x^2}} = \dfrac{3}{2}$

(6) $\displaystyle\lim_{x \to 0}\left(x \cdot \frac{\cos x}{\sin x}\right)=\lim_{x \to 0}\left(\frac{x}{\sin x} \cdot \cos x\right)=\lim_{x \to 0}\left(\frac{\cos x}{\frac{\sin x}{x}}\right)=\frac{\displaystyle\lim_{x \to 0}\cos x}{\displaystyle\lim_{x \to 0}\frac{\sin x}{x}}=1$

(7) 모든 x에 대하여 $-1 \le \sin x \le 1$이고 $\displaystyle\lim_{x \to \infty}x= \infty$이므로 $\displaystyle\lim_{x \to \infty}(x+\sin x)= \infty$이다.

(8) $t= \dfrac{1}{x}$로 두면 $\displaystyle\lim_{x \to \infty}\sin\frac{1}{x}=\lim_{t \to 0}\sin t=0$이다.

5. (1) 소금물의 농도 $= \dfrac{\text{소금의 양}}{\text{소금물의 양}}\times 100$이다.

$$C(t)=\frac{25 \times 0.2t}{1000+25t}\times 100=\frac{20t}{40+t}$$

이다.

(2) $\displaystyle\lim_{t \to \infty}C(t)=\lim_{t \to \infty}\frac{20t}{40+t}=\lim_{t \to \infty}\frac{20}{\dfrac{40}{t}+1}=20$이므로

소금물의 농도는 $t \to \infty$일 때 $20(\%)$으로 일정한 값을 유지한다.

3.4 연습문제

1. (1) 모든 실수 x에 대하여 $x^2+3 \ne 0$이므로 $f(x)= \dfrac{x-2}{x^2+3}$은 모든 실수에서 연속이다.

(2) 함수 $f(x)= \dfrac{x}{|x|}$는 $x=0$에서 함숫값이 존재하지 않으므로 $x=0$에서 불연속이다. 따라서 $x \ne 0$에서 연속이다.

(3) 로그함수의 정의에 의해 $x+3 > 0$이어야 하고, $\ln(x+3)=0$, 즉 $x+3=1$에서 불연속이다. 따라서 $x \ne -2$, $x > -3$인 점에서 연속이다.

(4) $x=n\pi+ \dfrac{\pi}{2}$(단, n은 정수)에서 $\cos x=0$이다.
그러므로 함수 $f(x)= \sec x= \dfrac{1}{\cos x}$은 $x \ne n\pi+ \dfrac{\pi}{2}$에서 연속이다.

2. $f(x)=x^2+x-2$, $g(x)=|x|$라 놓으면 f와 g는 모든 실수에서 연속이다. 그러므로 합성함수 $y=(g \circ f)(x)=|x^2+x-2|$는 모든 실수에서 연속이다.

3. 함수 $f(x)= \dfrac{x^2+2x-1}{x^2-x-6}=\dfrac{x^2+2x-1}{(x+2)(x-3)}$는 $x=-3$과 2를 제외한 모든 실수에서 연속이고 함수 $g(x)= \sin x$는 모든 실수에서 연속이다.

따라서 합성함수 $y=(g \circ f)(x)= \sin\left(\dfrac{x^2+2x-1}{x^2-x-6}\right)$는 $(-\infty, -3), (-3, 2), (2, \infty)$ 구간에서 연속이다.

4. (1) f가 연속이기 위하여 $x = 1$과 $x = 3$에서 극한이 존재하여야 한다.

(i) $\displaystyle\lim_{x \to 1^+} f(x) = \lim_{x \to 1^+} (x+3) = 4 = \lim_{x \to 1^-} f(x) = \lim_{x \to 1^-} (x^2 + ax + b)$

(ii) $\displaystyle\lim_{x \to 3^+} f(x) = \lim_{x \to 3^+} (x^2 + ax + b) = \lim_{x \to 3^-} f(x) = \lim_{x \to 3^-} (x+3) = 6$

$1 + a + b = 4$이고 $9 + 3a + b = 6$이어야 한다. 그러므로 $a = -3$, $b = 6$이다.

(2) $x \neq 0$에서 $\dfrac{\sqrt{a+x} - b}{x}$는 연속이므로 $f(x)$가 연속이기 위하여 $x = 0$에서 연속이어야 한다. $\displaystyle\lim_{x \to 0} \dfrac{\sqrt{a+x} - b}{x} = \dfrac{1}{6}$이므로 $\sqrt{a} - b = 0$이다.

그러므로 $\dfrac{1}{6} = \displaystyle\lim_{x \to 0} \dfrac{\sqrt{a+x} - \sqrt{a}}{x} = \lim_{x \to 0} \dfrac{x}{x(\sqrt{a+x} + \sqrt{a})} = \dfrac{1}{2\sqrt{a}}$이므로 $a = 9$, $b = 3$이다.

5. (i) $x = 3$에서 $f(x)$의 함숫값 $f(3) = 0$이다.

(ii) $\displaystyle\lim_{x \to 3^+} \dfrac{\lfloor x \rfloor + \lfloor -x \rfloor}{2} = \dfrac{3-4}{2} = -\dfrac{1}{2}$이고

$\displaystyle\lim_{x \to 3^-} \dfrac{\lfloor x \rfloor + \lfloor -x \rfloor}{2} = \dfrac{2-3}{2} = -\dfrac{1}{2}$이므로 극한 $\displaystyle\lim_{x \to 3} f(x) = -\dfrac{1}{2}$이다.

$\displaystyle\lim_{x \to 3} f(x) \neq f(3)$이므로 함수 f는 $x = 3$에서 불연속이다.

6. 연속인 함수 $f(x) = x^2 - 2x + k$는 중간값 정리에 의하여 $f(0)f(1) < 0$일 때 $f(x) = 0$인 실근을 가진다. 그러므로 $k(k-1) < 0$, 즉 $0 < k < 1$일 때 $x^2 - 2x + k = 0$은 실근을 가진다.

7. $g(x) = f(x) - x$라고 두자. 함수 g는 $[0,1]$에서 연속이고 $0 \le f(x) \le 1$이므로 $g(0) = f(0) \ge 0$이고 $g(1) = f(1) - 1 \le 0$이다. 중간값 정리에 의해 $g(c) = 0$, 즉 $f(c) = c$인 점 c가 $(0,1)$에 존재한다.

8. 반지름 r인 원의 면적은 πr^2이므로 $f(r) = \pi r^2 - 300$ (단 $0 < r < 10$)라 두자. 그러면 함수 f는 $[0,10]$에서 연속이고 $f(0) = -300 < 0$, $f(10) = 100\pi - 300 > 0$이다. 중간값 정리에 의해 $f(r) = 0$ 즉 $\pi r^2 = 300$을 만족하는 r이 0과 10 사이에 존재한다.

3장 종합문제

1. (1) $\displaystyle\lim_{n\to\infty}\frac{n^6+3n^4-2}{2n^6+2n+3}=\lim_{n\to\infty}\frac{1+\dfrac{3}{n^2}-\dfrac{2}{n^6}}{2+\dfrac{2}{n^5}+\dfrac{3}{n^6}}=\frac{1}{2}$

(2) $\displaystyle\lim_{n\to\infty}\left(\sqrt{n^2+5n}-n\right)=\lim_{n\to\infty}\frac{\left(\sqrt{n^2+5n}-n\right)\left(\sqrt{n^2+5n}+n\right)}{\sqrt{n^2+5n}+n}$

$\displaystyle=\lim_{n\to\infty}\frac{n^2+5n-n^2}{\sqrt{n^2+5n}+n}=\lim_{n\to\infty}\frac{5}{\sqrt{1+\dfrac{5}{n}}+1}=\frac{5}{2}$

2. (1) $n\geq 4$일때 $2^n\geq n^2$이므로 $0<\dfrac{n}{2^n}\leq\dfrac{n}{n^2}=\dfrac{1}{n}$이다. 조임정리에 의하여 $\displaystyle\lim_{n\to\infty}a_n=0$이다.

(2) $n!=n(n-1)\cdots 2\cdot 1<n\cdot n\cdot\cdots\cdot n\cdot 1=n^{n-1}$이므로 $0<\dfrac{n!}{n^n}\leq\dfrac{n^{n-1}}{n^n}=\dfrac{1}{n}$ 이다. 조임정리에 의하여 $\displaystyle\lim_{n\to\infty}a_n=0$이다.

3. (i) $a_k\leq 2$ 일 때 $a_{k+1}=\sqrt{2a_k}\leq\sqrt{2\cdot 2}=2$이므로 a_n은 위로 유계이다.

(ii) $a_k\geq a_{k-1}$일 때 $a_{k+1}=\sqrt{2a_k}\geq a_k=\sqrt{2a_{k-1}}$이므로 a_n은 증가수열이다.

단조수렴정리에 의하여 수열 a_n은 수렴한다. $\displaystyle\lim_{n\to\infty}a_n=L$이라고 하면 $\displaystyle\lim_{n\to\infty}a_{n+1}=L$이다.

$a_{n+1}=\sqrt{2a_n}$ 의 양변에 극한을 취하면 $L=\sqrt{2L}$ 이고 $L^2-2L=0$이므로 $L=2\,(L>0)$이다.

4. (1) $\displaystyle\lim_{n\to\infty}\frac{n(n+1)}{3n^2+2}=\frac{1}{3}\neq 0$이므로 급수는 발산한다.

(2) $\displaystyle\sum_{n=1}^{\infty}\frac{1+3^n}{4^n}=\sum_{n=1}^{\infty}\left(\left(\frac{1}{4}\right)^n+\left(\frac{3}{4}\right)^n\right)=\frac{\dfrac{1}{4}}{1-\dfrac{1}{4}}+\frac{\dfrac{3}{4}}{1-\dfrac{3}{4}}=\frac{10}{3}$

(3) $\displaystyle\sum_{n=1}^{\infty}e^{-3n}=\sum_{n=1}^{\infty}\left(\frac{1}{e^3}\right)^n=\frac{\dfrac{1}{e^3}}{1-\dfrac{1}{e^3}}=\frac{1}{e^3-1}$

(4) $\displaystyle\sum_{n=1}^{\infty}\frac{(-2)^{n-1}}{5^n}=\sum_{n=1}^{\infty}\frac{1}{5}\left(\frac{-2}{5}\right)^{n-1}=\frac{\dfrac{1}{5}}{1-\left(-\dfrac{2}{5}\right)}=\frac{1}{7}$

5. (1) $\displaystyle\lim_{x\to-1}\frac{3x+3}{2x^2+x-1}=\lim_{x\to-1}\frac{3(x+1)}{(2x-1)(x+1)}=-1$

(2) $\displaystyle\lim_{x\to5}\frac{x^2-4x-5}{x-5}=\lim_{x\to5}\frac{(x-5)(x+1)}{x-5}=6$

(3) $\displaystyle\lim_{h\to0}\frac{(x+h)^2-x^2}{h}=\lim_{h\to0}\frac{x^2+2xh+h^2-x^2}{h}=\lim_{h\to0}\frac{(2x+h)h}{h}=\lim_{h\to0}(2x+h)=2x$

6. 모든 $x\ (x\neq0)$에 대하여 $-1\le\sin\left(\dfrac{1}{x}\right)\le1$이므로 $e^{-1}\le e^{\sin\left(\frac{1}{x}\right)}\le e^1$이고 $e^{-1}x^2\le$
$x^2e^{\sin\left(\frac{1}{x}\right)}\le ex^2$이다. $\displaystyle\lim_{x\to0}\left(e^{-1}x^2\right)=\lim_{x\to0}ex^2=0$이므로 조임정리에 의하여
$\displaystyle\lim_{x\to0}x^2e^{\sin\left(\frac{1}{x}\right)}=0$이다.

7. (1) $\displaystyle\lim_{x\to0}\frac{\tan x^2}{x}=\lim_{x\to0}\frac{x\tan x^2}{x^2}=\lim_{x\to0}x\cdot\lim_{x\to0}\frac{\tan x^2}{x^2}=\lim_{x\to0}x\cdot\lim_{t\to0}\frac{\tan t}{t}=0\ \ (t=x^2)$

(2) $x\to\infty$ 일 때 $1-x^2\to-\infty$ 이므로 $1-x^2=t$ 라 두면 $\displaystyle\lim_{x\to\infty}e^{1-x^2}=\lim_{t\to-\infty}e^t=0$이다.

8. $\cos x$는 실수 전체에서 연속이므로 $\displaystyle\lim_{x\to\pi}\cos(x+\sin x)=\cos\left[\lim_{x\to\pi}(x+\sin x)\right]=\cos\pi=-1$
이다.

9. $f(3)=9a+3b+3$, $\displaystyle\lim_{x\to3^+}f(x)=\lim_{x\to3^-}f(x)$이면 $\displaystyle\lim_{x\to3}f(x)$가 존재한다.

$\displaystyle\lim_{x\to3^+}f(x)=\lim_{x\to3^+}(ax^2+bx+3)=9a+3b+3$이고

$\displaystyle\lim_{x\to3^-}f(x)=\lim_{x\to3^-}\frac{x^2-9}{x-3}=\lim_{x\to3^-}x+3=6$이므로 $9a+3b+3=6$이다.

같은 방법으로 $f(4)=12+a+b$이다.

$\displaystyle\lim_{x\to4^+}f(x)=\lim_{x\to4^+}(3x+a+b)=12+a+b$이고

$\displaystyle\lim_{x\to4^-}f(x)=\lim_{x\to4^-}\left(ax^2+bx+3\right)=16a+4b+3$이므로 $12+a+b=16a+4b+3$이다.

$3a+b=1$과 $5a+b=3$을 만족하는 $a=1$, $b=-2$이다.

10. (1) $f(x)=2\ln(x-2)-1$이라 두면 f는 구간 $[3,4]$에서 연속이다. $f(3)=2\ln1-1<0$이
고 $f(4)=2\ln2-1>0$이므로 중간값 정리에 의하여 구간 $(3,4)$에서 근이 존재한다.

(2) $f(x)=x^3+2x-\cos x$라 두면 f는 구간 $[0,1]$에서 연속이다. $f(0)=-1<0$이고
$f(1)=3-\cos1>0$이므로 중간값 정리에 의하여 구간 $(0,1)$에서 근이 존재한다.

Chapter 4

4.1 연습문제

1. (1) $\dfrac{\Delta y}{\Delta x} = \dfrac{f(3) - f(1)}{3 - 1} = \dfrac{3 - (-1)}{2} = 2$

(2) $\dfrac{\Delta y}{\Delta x} = \dfrac{f(3) - f(1)}{3 - 1} = \dfrac{2 - \sqrt{2}}{2}$

2. (1) $f'(2) = \lim_{h \to 0} \dfrac{f(2+h) - f(2)}{h} = \lim_{h \to 0} \dfrac{3h(h+4)}{h} = 12$

(2) $f'(2) = \lim_{h \to 0} \dfrac{f(2+h) - f(2)}{h} = \lim_{h \to 0} \dfrac{\dfrac{1}{h-3} + \dfrac{1}{3}}{h} = \lim_{h \to 0} \dfrac{1}{3(h-3)} = -\dfrac{1}{9}$

3. $f'(1) = \lim_{x \to 1} \dfrac{f(x) - f(1)}{x - 1} = \lim_{x \to 1} \dfrac{\sqrt[3]{x} - 1}{(\sqrt[3]{x} - 1)(\sqrt[3]{x^2} + \sqrt[3]{x} + 1)} = \dfrac{1}{3}$ 이다.

접선의 방정식 $y = f'(1)(x-1) + f(1) = \dfrac{1}{3}(x-1) + 1 = \dfrac{1}{3}x + \dfrac{2}{3}$ 이다.

4. $x = 1$에서 $\lim_{x \to 1^+} f(x) = \lim_{x \to 1^+}(-1) = -1$이고 $\lim_{x \to 1^-} f(x) = \lim_{x \to 1^-}(-x^2) = -1$이다.

$\lim_{x \to 1} f(x) = -1 = f(1)$이므로 $x = 1$에서 연속이다.

$\lim_{x \to 1^+} \dfrac{f(x) - f(1)}{x - 1} = \lim_{x \to 1^+} \dfrac{-1+1}{x-1} = 0$이고 $\lim_{x \to 1^-} \dfrac{f(x) - f(1)}{x - 1} = \lim_{x \to 1^-} \dfrac{-x^2+1}{x-1} = -2$이므

로 미분계수 $f'(1)$이 존재하지 않는다. 따라서 f는 $x = 1$에서 미분불가능이다.

5. (1) $f'(x) = \lim_{h \to 0} \dfrac{f(x+h) - f(x)}{h} = \lim_{h \to 0} \dfrac{\dfrac{1}{(x+h)^2} - \dfrac{1}{x^2}}{h} = \lim_{h \to 0} \dfrac{-2x - h}{x^2(x+h)^2} = -\dfrac{2}{x^3}$

(2) $f'(x) = \lim_{h \to 0} \dfrac{f(x+h) - f(x)}{h} = \lim_{h \to 0} \dfrac{7h}{h} = 7$

(3) $f'(x) = \lim_{h \to 0} \dfrac{f(x+h) - f(x)}{h} = \lim_{h \to 0} \dfrac{\sqrt{9 - 4(x+h)} - \sqrt{9 - 4x}}{h}$

$\qquad = \lim_{h \to 0} \dfrac{-4}{\sqrt{9 - 4(x+h)} + \sqrt{9 - 4x}} = -\dfrac{2}{\sqrt{9 - 4x}}$

6. $f'(0) = \lim_{h \to 0} \dfrac{f(0+h) - f(0)}{h} = \lim_{h \to 0} h \cdot \sin \dfrac{1}{h} = 0 (\because \text{조임정리})$이므로 $x = 0$에서 f는 미

분가능하다.

4.2 연습문제

1. (1) $\dfrac{dy}{dx} = \dfrac{4}{3}x^{\frac{1}{3}} = \dfrac{4}{3}\sqrt[3]{x}$

(2) $y = x^{\frac{7}{10}} + x^{\frac{1}{5}}$ 이므로 $\dfrac{dy}{dx} = \dfrac{7}{10}x^{-\frac{3}{10}} + \dfrac{1}{5}x^{-\frac{4}{5}}$ 이다.

(3) 몫의 미분법에 의하여 $\dfrac{dy}{dx} = \dfrac{2(x+3)-(2x-1)}{(x+3)^2} = \dfrac{7}{(x+3)^2}$ 이다.

(4) 곱의 미분법에 의하여

$$\dfrac{dy}{dx} = 2(x^3 - 4x + 3) + (1+2x)(3x^2 - 4) = 8x^3 + 3x^2 - 16x + 2 \text{ 이다.}$$

(5) 연쇄법칙에 의하여 $\dfrac{dy}{dx} = 5(3x+1)^4 \cdot 3 = 15(3x+1)^4$ 이다.

(6) $y = (x^2 - 1)^{\frac{2}{3}}$ 이므로 $\dfrac{dy}{dx} = \dfrac{2}{3}(x^2-1)^{-\frac{1}{3}}(2x) = \dfrac{4x}{3\sqrt[3]{x^2-1}}$ 이다.

2. (1) $f'(x) = \dfrac{x+1}{2x\sqrt{x}}$ 이므로 $f'(1) = 1$ 이다.

(2) $f'(x) = \dfrac{2}{x^2}$ 이므로 $f'(1) = 2$ 이다.

(3) $f'(x) = (5-2x)^2(-10x^2 + 10x - 6)$ 이므로 $f'(1) = -54$ 이다.

(4) $f'(x) = \dfrac{1-6x}{2(1-x+3x^2)\sqrt{1-x+3x^2}}$ 이므로 $f'(1) = -\dfrac{5\sqrt{3}}{18}$ 이다.

3. (1) 양변을 x에 대하여 미분하면 $2(x-1) + 2y\dfrac{dy}{dx} = 0$ 이므로 $\dfrac{dy}{dx} = \dfrac{1-x}{y}$ 이다.

(2) $x^2 + 2xy + y^2 = 2y$ 이므로 양변을 x에 대하여 미분하면 $2x + 2y + 2x\dfrac{dy}{dx} + 2y\dfrac{dy}{dx}$

$= 2\dfrac{dy}{dx}$ 이므로 $\dfrac{dy}{dx} = \dfrac{x+y}{1-x-y}$ 이다.

(3) 양변을 x에 대하여 미분하면 $3x^2 + y^3 + x(3y^2)\dfrac{dy}{dx} = y + x\dfrac{dy}{dx}$ 이므로

$$\dfrac{dy}{dx} = \dfrac{3x^2 + y^3 - y}{x - 3xy^2} \text{ 이다.}$$

4. $f(1) = 0$ 이고 $f'(x) = 2x + 2$ 이다. 역함수의 미분에 의하여 $(f^{-1})'(0) = \dfrac{1}{f'(1)} = \dfrac{1}{4}$ 이다.

5. $y^2(2-x) = x^3$ 의 양변을 x로 미분하면 $\dfrac{d}{dx}y^2(2-x) + y^2\dfrac{d}{dx}(2-x) = \dfrac{d}{dx}x^3$ 이다.

$2y\dfrac{dy}{dx}(2-x) + y^2(-1) = 3x^2$ 이므로 $\dfrac{dy}{dx} = \dfrac{3x^2 + y^2}{4y - 2xy}$ 이다. 그러므로 점 $(1, 1)$에서의

기울기 $\left.\dfrac{dy}{dx}\right|_{(1,\,1)} = 2$ 이다. 접선의 방정식은 $y = 2(x-1) + 1 = 2x - 1$ 이다.

6. $\dfrac{dy}{dx} = -x^{-2}$, $\dfrac{d^2y}{dx^2} = 2x^{-3}$, $\dfrac{d^3y}{dx^3} = -6x^{-4}$ 이다.

7. $f(1) = 0$ 이므로 $a + b + 1 = 0$ 이다. $f'(1) = 3$ 이고 $f'(x) = 3x^2 + 2ax + b$ 이므로 $2a + b + 3 = 3$ 이다. 그러므로 $a = 1$, $b = -2$ 이다.

$\displaystyle\lim_{x \to 1}\dfrac{f(x) - f(1)}{x - 1} = f'(1)$ 을 의미하므로 $f'(1) = 3$ 이다.

$f'(x) = 3x^2 + 2ax + b$ 이므로 $3 + 2a + b = 3$ 이다.

$f(1) = 0$ 이므로 $1 + a + b = 0$ 이다. 그러므로 $a = 1$, $b = -2$ 이다.

4.3 연습문제

1. (1) $\begin{aligned}[t]\dfrac{d}{dx}\cos x &= \lim_{h \to 0}\dfrac{\cos(x+h) - \cos x}{h}\\[2mm]
&= \lim_{h \to 0}\dfrac{\cos x \cos h - \sin x \sin h - \cos x}{h}\\[2mm]
&= \lim_{h \to 0}\dfrac{\cos x(\cos h - 1)}{h} - \lim_{h \to 0}\dfrac{\sin x \sin h}{h}\\[2mm]
&= \cos x \lim_{h \to 0}\dfrac{\cos h - 1}{h} - \sin x \lim_{h \to 0}\dfrac{\sin h}{h}\\[2mm]
&= \cos x \times 0 - \sin x \times 1\\[2mm]
&= -\sin x\end{aligned}$

(2) $\begin{aligned}[t]\dfrac{d}{dx}(\sec x) &= \lim_{h \to 0}\dfrac{\sec(x+h) - \sec x}{h} = \lim_{h \to 0}\dfrac{\dfrac{1}{\cos(x+h)} - \dfrac{1}{\cos x}}{h}\\[3mm]
&= \lim_{h \to 0}\dfrac{\cos x - \cos(x+h)}{h\{\cos x \cos(x+h)\}} = \lim_{h \to 0}\dfrac{\cos x - \cos x \cos h + \sin x \sin h}{h \cos x \cos(x+h)}\\[3mm]
&= \lim_{h \to 0}\dfrac{1 - \cos h}{h \cos(x+h)} + \lim_{h \to 0}\left(\dfrac{\sin h}{h}\ \dfrac{\sin x}{\cos x \cos(x+h)}\right)\\[3mm]
&= \lim_{h \to 0}\dfrac{1 - \cos h}{h}\lim_{h \to 0}\dfrac{1}{\cos(x+h)} + \lim_{h \to 0}\dfrac{\sin h}{h}\lim_{h \to 0}\left(\dfrac{1}{\cos x}\ \dfrac{\sin x}{\cos(x+h)}\right)\\[3mm]
&= 0 \times \sec x + 1 \times \sec x \tan x\\[2mm]
&= \sec x \tan x\end{aligned}$

2. (1) $x° = \dfrac{\pi}{180}x$ 이므로 $y' = \left[\sin\left(\dfrac{\pi}{180}x\right)\right]' = \dfrac{\pi}{180}\cos\left(\dfrac{\pi}{180}x\right)$ 이다.

(2) $y' = -\pi\sin\pi x$

(3) $f'(x) = 2\sec^2(4x+1)\cdot 4 = 8\sec^2(4x+1)$

(4) $g'(x) = 2x\sec(x^2)\tan(x^2)$

(5) $h'(\theta) = -(6\theta^2 - 2\theta)\sin(2\theta^3 - \theta^2 + 1)$

(6) $y' = e^{-x^2}(-2x)$

(7) $y = e^{-4x} + 2 + e^{4x}$ 이므로 $y' = -4e^{-4x} + 4e^{4x}$ 이다.

(8) $y' = \dfrac{\sin x + x\cos x}{x\sin x}$

(9) $y' = -\dfrac{1}{x^2} - \dfrac{3}{2}x^{\frac{1}{2}}$

(10) $y' = \dfrac{2\sec x\sec x\tan x}{\sec^2 x} = 2\tan x$

3. (1) $y' = 3\cos 3x$ 이고 $y'|_{x=\pi} = -3$ 이다.

$\therefore y = -3(x-\pi) + 0 = -3x + 3\pi$

(2) $y' = 4\sec x\sec x\tan x = 4\sec^2 x\tan x$ 이므로 $y'|_{x=\frac{\pi}{3}} = 16\sqrt{3}$ 이다.

$\therefore y = 16\sqrt{3}\left(x - \dfrac{\pi}{3}\right) + 8 = 16\sqrt{3}\,x - \dfrac{16\sqrt{3}\,\pi}{3} + 8$

(3) $y' = \ln x + 1 + x^{-2}$ 이고 $y'|_{x=1} = 2$ 이다.

$\therefore y = 2(x-1) - 1 = 2x - 3$

4. (1) $y' = 3^{-2x} + x\cdot 3^{-2x}\cdot\ln 3\cdot(-2) = 3^{-2x}(1 - 2\ln 3\cdot x)$

$y'' = 3^{-2x}\cdot\ln 3\cdot(-2)\cdot(1 - 2\ln 3\cdot x) + 3^{-2x}(-2\ln 3) = 3^{-2x}\ln 3(-4 + 4x\ln 3)$

(2) $y' = 2\sin(\pi x)\cos(\pi x)\cdot\pi = \pi\sin(2\pi x)$

$y'' = 2\pi^2\cos(2\pi x)$

5. (1) $e^{xy}(xy)' + 1 - y' = 0 \;\Rightarrow\; e^{xy}(y + xy') + 1 - y' = 0$

$\Rightarrow\; (e^{xy}x - 1)y' = -e^{xy}y - 1 \quad\therefore y' = \dfrac{-ye^{xy} - 1}{xe^{xy} - 1}$

(2) $2\ln y = e^x y \;\Rightarrow\; 2\dfrac{y'}{y} = e^x y + e^x y' \quad\therefore y' = \dfrac{y^2 e^x}{-ye^x + 2}$

(3) $2x = \ln(y^3 - y^2) \;\Rightarrow\; 2 = \dfrac{3y^2 y' - 2yy'}{y^3 - y^2} \;\Rightarrow\; 2(y^2 - y) = 3yy' - 2y'$

$\therefore y' = \dfrac{2y(y-1)}{3y - 2}$

4.4 연습문제

1. (1) $f(x)$는 $[-1, 1]$에서 연속이고 $(-1, 1)$에서 미분가능이며 $f(-1) = f(1)$이므로 롤의 정리를 만족한다. $f'(c) = 0$인 c가 $(-1, 1)$ 사이에 존재한다.

$f'(x) = 3x^2 - 1$이므로 $c = \pm\dfrac{1}{\sqrt{3}}$ 이다.

(2) $f(x)$는 $[0, 3]$에서 연속이고 $(0, 3)$에서 미분가능하고 $f(0) = f(3)$이므로 롤의 정리를 만족한다. $f'(x) = 2x - 5$이므로 $f'(c) = 0$인 $c = \dfrac{5}{2}$ 이다. $f(0) \neq f(3)$ 이므로 롤의 정리를 만족하지 않는다.

2. (1) $f(x)$는 $[2, 4]$에서 연속이고 $(2, 4)$에서 미분가능이므로 평균값 정리를 만족한다.

$f'(c) = \dfrac{f(4) - f(2)}{4 - 2}$를 만족하는 c가 2와 4 사이에 존재한다.

$f'(x) = 3x^2$이므로 $3c^2 = \dfrac{64 - 8}{4 - 2}$ 이다. $c = \pm\sqrt{\dfrac{28}{3}}$ 이지만 조건을 만족하는 $c = \sqrt{\dfrac{28}{3}}$ 이다.

(2) $g(x)$는 $[-1, 1]$에서 연속이 아니므로 평균값 정리를 만족하지 않는다.

3. $f(x) = x^5 + 3x - 1$라 두자.

$f(x)$는 $[0, 1]$에서 연속이고 $(0, 1)$에서 미분가능이다. 또한 $f(0) < 0$, $f(1) > 0$이므로 중간값 정리에 의하여 $(0, 1)$ 사이에 적어도 하나의 실근을 가진다.

$f'(x) = 5x^4 + 3 > 0$이므로 평균값 정리에 의하여 $f(x)$는 모든 $x \in \mathbb{R}$ 에 대하여 증가함수이다. 그러므로 $(0, 1)$에서 $x^5 + 3x - 1 = 0$은 단 한 개의 실근을 갖는다.

4. $f'(x) = \dfrac{3}{2}(x^2 - 1)^{\frac{1}{2}} 2x = 3x(x^2 - 1)^{\frac{1}{2}}$이다. 근호 안은 음이 아닌 실수이므로 $x \leq -1$, $x \geq 1$이다. $f'(x) > 0$인 구간은 $x > 1$이고 $f'(x) < 0$인 구간은 $x < -1$이다. 따라서 $f(x)$가 증가하는 구간은 $x > 1$이고 감소하는 구간은 $x < -1$이다.

5. (1) 미분의 평균값 정리에 의하여 $f'(c) = \dfrac{f(2) - f(1)}{2 - 1}$인 c가 1과 2 사이에 존재한다.

$f'(x) \leq -3$이므로 $f'(c) = f(2) - f(1) \leq -3$이다.

$f(1) = 6$이므로 $f(2) \leq 3$이다.

(2) $f'(c) = \dfrac{f(1) - f(0)}{1 - 0}$인 c가 0과 1 사이에 존재한다. $f(1) - f(0) = f'(c) \leq -3$이므로 $f(0) \geq 9$이다.

4.5 연습문제

1. (1) $\displaystyle\lim_{x\to 0}\frac{a^x-1}{x}=\lim_{x\to 0}\frac{a^x\ln a}{1}=\ln a$

(2) $\displaystyle\lim_{x\to\infty}\frac{x^2}{e^x}=\lim_{x\to\infty}\frac{2x}{e^x}=\lim_{x\to\infty}\frac{2}{e^x}=0$

(3) $\displaystyle\lim_{x\to 0}\frac{x-\sin x}{x^3}=\lim_{x\to 0}\frac{1-\cos x}{3x^2}=\lim_{x\to 0}\frac{\sin x}{6x}=\lim_{x\to 0}\frac{\cos x}{6}=\frac{1}{6}$

(4) $\displaystyle\lim_{x\to\infty}\frac{e^x+x^2}{e^x+4x}=\lim_{x\to\infty}\frac{e^x+2x}{e^x+4}=\lim_{x\to\infty}\frac{e^x+2}{e^x}=\lim_{x\to\infty}\frac{e^x}{e^x}=1$

(5) $\displaystyle\lim_{x\to\infty}\frac{\ln x}{\sqrt[3]{x}}=\lim_{x\to\infty}\frac{\dfrac{1}{x}}{\dfrac{1}{3}x^{-\frac{2}{3}}}=0$

(6) $\displaystyle\lim_{x\to 0}\frac{5^x-4^x}{3^x-2^x}=\lim_{x\to 0}\frac{5^x\ln 5-4^x\ln 4}{3^x\ln 3-2^x\ln 2}=\frac{\ln 5-\ln 4}{\ln 3-\ln 2}$

(7) $\displaystyle\lim_{x\to 0}(\csc x-\cot x)=\lim_{x\to 0}\left(\frac{1}{\sin x}-\frac{\cos x}{\sin x}\right)=\lim_{x\to 0}\left(\frac{1-\cos x}{\sin x}\right)=\lim_{x\to 0}\frac{\sin x}{\cos x}=0$

(8) $\displaystyle\lim_{x\to 1^+}\left(\frac{1}{x-1}-\frac{1}{\ln x}\right)=\lim_{x\to 1^+}\frac{\ln x-(x-1)}{(x-1)\ln x}=\lim_{x\to 1^+}\frac{\dfrac{1}{x}-1}{\ln x+1-\dfrac{1}{x}}$

$\displaystyle\qquad\qquad=\lim_{x\to 1^+}\frac{-\dfrac{1}{x^2}}{\dfrac{1}{x}+\dfrac{1}{x^2}}=-\frac{1}{2}$

(9) $\displaystyle\lim_{x\to 0^+}\sin x\ln x=\lim_{x\to 0^+}\frac{\ln x}{\csc x}=\lim_{x\to 0^+}\frac{\dfrac{1}{x}}{-\cot x\csc x}=\lim_{x\to 0^+}\frac{-\sin^2 x}{x\cos x}$

$\displaystyle\qquad\qquad=\lim_{x\to 0^+}\frac{-2\sin x\cos x}{\cos x-x\sin x}=0$

(10) $y=x^x$ 라 두고 양변에 자연로그를 취하면 $\ln y=x\ln x$ 이다.

$\displaystyle\quad\lim_{x\to 0^+}\ln y=\lim_{x\to 0^+}x\ln x=\lim_{x\to 0^+}\frac{\ln x}{\dfrac{1}{x}}=\lim_{x\to 0^+}\frac{\dfrac{1}{x}}{-\dfrac{1}{x^2}}=0$

$\displaystyle\quad\therefore \lim_{x\to 0^+}y=\lim_{x\to 0^+}e^{\ln y}=e^0=1$

(11) $y=\left(1+2^x\right)^{\frac{1}{x}}$ 라 두고 양변에 자연로그를 취하면 $\ln y=\dfrac{\ln\left(1+2^x\right)}{x}$ 이다.

$$\lim_{x \to \infty} \ln y = \lim_{x \to \infty} \frac{\ln(1+2^x)}{x} = \lim_{x \to \infty} \frac{\frac{2^x \ln 2}{1+2^x}}{1} = \lim_{x \to \infty} \frac{2^x \ln 2 \cdot \ln 2}{2^x \ln 2} = \ln 2$$

$$\therefore \lim_{x \to \infty} y = \lim_{x \to \infty} e^{\ln y} = e^{\ln 2} = 2$$

(12) $y = (1-3x)^{\frac{1}{x}}$ 라고 두고 양변에 자연로그를 취하면 $\ln y = \dfrac{\ln(1-3x)}{x}$ 이다.

$$\lim_{x \to 0} \ln y = \lim_{x \to 0} \frac{\ln(1-3x)}{x} = \lim_{x \to 0} \frac{\frac{-3}{1-3x}}{1} = -3$$

$$\therefore \lim_{x \to 0} y = \lim_{x \to 0} e^{\ln y} = e^{-3}$$

2. $y = \left(1 + \dfrac{r}{x}\right)^{xt}$ 라고 두고 양변에 자연로그를 취하면 $\ln y = xt \ln\left(1 + \dfrac{r}{x}\right)$ 이다.

$$\lim_{x \to \infty} \ln y = \lim_{x \to \infty} \frac{\ln\left(1 + \dfrac{r}{x}\right)}{\dfrac{1}{xt}} = \lim_{x \to \infty} \frac{\dfrac{-\dfrac{r}{x^2}}{1 + \dfrac{r}{x}}}{-\dfrac{1}{x^2 t}} = \lim_{x \to \infty} \frac{rt}{1 + \dfrac{r}{x}} = rt$$

$$\lim_{x \to \infty} y = \lim_{x \to \infty} e^{\ln y} = e^{rt}$$

$$\lim_{x \to \infty} \left(1 + \frac{r}{x}\right)^{xt} = e^{rt} \text{ 이므로 } \lim_{n \to \infty} \left(1 + \frac{r}{n}\right)^{nt} = e^{rt} \text{ 이다.}$$

그러므로 $P = P_0 e^{rt}$ 이다.

4.6 연습문제

1. (1) $f'(x) = -6x + 6$ 이므로 임계점은 $x = 1$ 이다.

$f''(x) = -6 < 0$ 이므로 극댓값은 $f(1) = 5$ 이다.

(2) $f'(x) = 3x^2 + 6x$ 이므로 임계점은 $x = 0$, $x = -2$ 이다.

$x < -2$ 일 때 $f'(x) > 0$, $-2 < x < 0$ 일 때 $f'(x) < 0$, $x > 0$ 일 때 $f'(x) > 0$ 이므로 극댓값은 $f(-2) = 3$ 이고 극솟값은 $f(0) = -1$ 이다.

(3) $f'(x) = 3x^2 - 12x + 12$ 이므로 임계점은 $x = 2$ 이다. 모든 x 에 대하여 $f'(x) = 3(x-2)^2 \geq 0$ 이므로 극점은 없다.

(4) $f'(x) = -6x^2 - 6x$ 이므로 임계점은 $x = 0$, $x = -1$ 이다.

$f''(x) = -12x - 6$ 이고 $f''(-1) = 6 > 0$, $f''(0) = -6 < 0$ 이므로 극댓값은 $f(0) = 1$, 극솟값은 $f(-1) = 0$ 이다.

(5) $f'(x) = 8x^3$이므로 $x = 0$은 임계점이다.

　　$x < 0$일 때 $f'(x) < 0$이고 $x > 0$일 때 $f'(x) > 0$이므로 $f(0) = 1$은 극솟값이다.

2. (1) $f'(x) = 4x + 4$이므로 $x = -1$은 임계점이다.

　　$f(-3) = 4$, $f(-1) = -4$, $f(0) = -2$이므로 최댓값은 4, 최솟값은 -4이다.

(2) $f'(x) = 3x^2 - 6x$이므로 임계점은 $x = 2$ $(1 \le x \le 4)$이다.

　　$f(1) = -1$, $f(2) = -3$, $f(4) = 17$이므로 최댓값은 17, 최솟값은 -3이다.

3. 직사각형의 넓이 함수를 $S(a)$라고 하면 $S(a) = 2a(-a^2 + 3) = -2a^3 + 6a \, (0 < a < \sqrt{3}\,)$이다. $S'(a) = -6a^2 + 6$이므로 임계점은 $a = 1$이다.

$S''(a) = -12a < 0 \; (\because 0 < a < \sqrt{3}\,)$이므로 $S(1) = 4$는 극댓값이다.

그러므로 직사각형의 최대 넓이는 4이다.

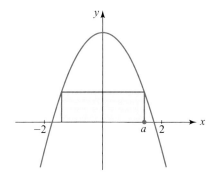

4.

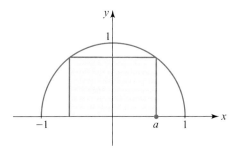

직사각형의 넓이 함수를 $S(a)$라고 하면 $S(a) = 2a\sqrt{1 - a^2} \, (0 < a < 1)$이다.

$S'(a) = 2\sqrt{1 - a^2} - \dfrac{2a^2}{\sqrt{1 - a^2}} = \dfrac{2(1 - 2a^2)}{\sqrt{1 - a^2}}$ 이므로 임계점은 $a = \dfrac{1}{\sqrt{2}} \, (a > 0)$이다.

$S''(a) < 0$이므로 $S\left(\dfrac{1}{\sqrt{2}}\right) = 1$은 최댓값이다.

그러므로 직사각형의 가로의 길이가 $\sqrt{2}$이고 세로가 $\dfrac{1}{\sqrt{2}}$일 때 최대 넓이를 갖는다.

5.

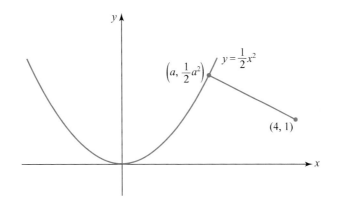

거리 함수를 $d(a)$라고 하면 $d(a) = \sqrt{(a-4)^2 + \left(\frac{1}{2}a^2 - 1\right)^2}$이다.

$d^2(a) = D(a) = \dfrac{a^4}{4} - 8a + 17$이라 두면 $D'(a) = a^3 - 8$이므로 임계점은 $a = 2$이다.

$D''(a) = 3a^2 > 0$이므로 $D(2)$는 최솟값이다.

그러므로 $(4, 1)$에 가장 가까운 $y = \dfrac{1}{2}x^2$ 위의 점은 $(2, 2)$이다.

6. 임대되지 않은 가구 수를 x라고 할 때 집주인의 수입 $I(x)$는

$$I(x) = (20 - x)(100 + 10x) = 2000 + 100x - 10x^2$$

이다. $I'(x) = 100 - 20x$이므로 임계점은 $x = 5$이고 $I''(x) = -20 < 0$이므로 $I(5)$는 최댓값이다. 그러므로 임대되지 않는 가구 수가 5채일 때 즉 월세를 150만 원으로 할 때 수입이 최대가 된다.

4장 종합문제

1. $f'(0) = \lim\limits_{h \to 0} \dfrac{f(0 + h) - f(0)}{h} = \lim\limits_{h \to 0} \dfrac{h\tan^{-1}\dfrac{1}{h}}{h} = \dfrac{\pi}{2}$이므로 $f(x)$는 $x = 0$에서 미분가능하다.

2. (1) $\dfrac{dy}{dx} = \dfrac{4(\ln 5x)^3}{x}$

   (2) $\dfrac{dy}{dx} = 8(2x + 1)^3(3x - 1) + 3(2x + 1)^4 = 5(6x - 1)(2x + 1)^3$

   (3) $\dfrac{dy}{dx} = \dfrac{1}{\sqrt{1 - x^2}} + \dfrac{3}{1 + 9x^2}$

(4) $\dfrac{dy}{dx} = e^{\sec^{-1}(2x)} \dfrac{2}{|2x|\sqrt{4x^2-1}} = \dfrac{e^{\sec^{-1}(2x)}}{|x|\sqrt{4x^2-1}}$

(5) $\ln y = \dfrac{1}{4}\left[\ln(3-2x)^2 - \ln(3+2x)^2\right]$ 이므로 $\dfrac{1}{y}\dfrac{dy}{dx} = \dfrac{1}{4}\left[\dfrac{-4x}{3-2x^2} - \dfrac{4x}{3+2x^2}\right]$

$\therefore \dfrac{dy}{dx} = \left(\dfrac{x}{2x^2-3} - \dfrac{x}{2x^2+3}\right)\sqrt[4]{\dfrac{3-2x^2}{3+2x^2}}$

(6) $y = \dfrac{\ln(\cos^{-1}x)}{\ln 3}$ 이므로 $\dfrac{dy}{dx} = \dfrac{-1}{\ln 3(\cos^{-1}x)\sqrt{1-x^2}}$

(7) $\ln y = \tan x \ln(\sin x)$ 이므로 $\dfrac{1}{y}\dfrac{dy}{dx} = \sec^2 x \ln(\sin x) + \tan x \dfrac{\cos x}{\sin x}$ 이다.

그러므로 $\dfrac{dy}{dx} = (\sec^2 x \ln(\sin x) + \tan x \cot x)(\sin x)^{\tan x}$ 이다.

(8) $g(x) = x^x$ 라 하고 $\ln g(x) = x\ln x$ 이므로 $\dfrac{g'(x)}{g(x)} = \ln x + 1$ 이고

$g'(x) = \dfrac{d}{dx}(x^x) = (\ln x + 1)x^x$ 이다.

따라서 $\dfrac{dy}{dx} = 3^{x^x}\ln 3 \dfrac{d}{dx}(x^x) = 3^{x^x}\ln 3(\ln x + 1)x^x$ 이다.

3. 음함수 미분에 의하여 $2xy^2 + 2x^2 y \dfrac{dy}{dx} + 3 = 4\dfrac{dy}{dx}$ 이므로 $\dfrac{dy}{dx} = \dfrac{-2xy^2-3}{2x^2y-4}$ 이다.

$\dfrac{dy}{dx}\Big|_{(1,1)} = \dfrac{5}{2}$ 이므로 점 $(1,1)$에서 접선의 방정식은 $y = \dfrac{5}{2}x - \dfrac{7}{2}$ 이다.

4. $f\left(\dfrac{1}{2}\right) = 1$ 이고 $f'(x) = 8x + \dfrac{\pi}{2}\sec^2\dfrac{\pi}{2}x$ 이므로 역함수의 미분에 의하여

$(f^{-1})'(1) = \dfrac{1}{f'\left(\dfrac{1}{2}\right)} = \dfrac{1}{4+\pi}$ 이다.

5. (1) $\displaystyle\lim_{x\to\frac{\pi}{2}}\tan x \ln(\sin x) = \lim_{x\to\frac{\pi}{2}}\dfrac{\ln(\sin x)}{\cot x} = \lim_{x\to\frac{\pi}{2}}\dfrac{\cot x}{-\csc^2 x} = \lim_{x\to\frac{\pi}{2}}(-\sin x \cos x) = 0$

(2) $\displaystyle\lim_{x\to 1^+}\dfrac{\sin(x-1)}{\sqrt{x-1}} = \lim_{x\to 1^+}\dfrac{\cos(x-1)}{\dfrac{1}{2\sqrt{x-1}}} = 0$

(3) $y = \sqrt[x]{x} = x^{\frac{1}{x}}$ 라 두면 $\ln y = \dfrac{1}{x}\ln x$ 이고 $\displaystyle\lim_{x\to\infty}\ln y = \lim_{x\to\infty}\dfrac{\ln x}{x} = \lim_{x\to\infty}\dfrac{1}{x} = 0$ 이다.

$\displaystyle\lim_{x\to\infty}\sqrt[x]{x} = \lim_{x\to\infty}e^{\ln y} = e^0 = 1$ 이다.

(4) $y = \left(\dfrac{x+2}{x-2}\right)^x$ 라 두면 $\ln y = x\left[\ln(x+2) - \ln(x-2)\right]$ 이고

$$\lim_{x \to \infty} \ln y = \lim_{x \to \infty} \frac{\ln(x+2) - \ln(x-2)}{\dfrac{1}{x}} = \lim_{x \to \infty} \frac{\dfrac{1}{x+2} - \dfrac{1}{x-2}}{-\dfrac{1}{x^2}} = \lim_{x \to \infty} \frac{4x^2}{x^2 - 4} = 4 \text{이다.}$$

$$\therefore \lim_{x \to \infty} \left(\frac{x+2}{x-2}\right)^x = \lim_{x \to \infty} e^{\ln y} = e^4$$

6. $f'(x) = -\sin x - 2 < 0$ 이므로 $f(x)$ 는 감소함수이다.

7. $f(x) = \tan x - x$ 라고 두면 $f'(x) = \sec^2 x - 1$ 이다. $0 < x < \dfrac{\pi}{2}$ 일 때 $\sec^2 x > 1$ 이므로 $f'(x) > 0$ 이고 f 는 증가함수이다.

그러므로 $f(x) > f(0)$, 즉 $\tan x - x > 0$ 이다.

8. $f(t) = 2^t$ 라고 두면 $f'(t) = 2^t \ln 2$ 이다. 문제 7번에서 $x \to 0^+$ 일 때 $\tan x > x$ 임을 알 수 있다.

f 는 $[x, \tan x]$ 에서 연속이고 $(x, \tan x)$ 에서 미분가능이므로 미분의 평균값 정리에 의해 $\dfrac{2^{\tan x} - 2^x}{\tan x - x} = 2^c \ln 2$ 를 만족하는 c 가 x 와 $\tan x$ 사이에 존재한다.

$$\therefore \lim_{x \to 0^+} \frac{2^{\tan x} - 2^x}{\tan x - x} = \lim_{c \to 0^+} 2^c \ln 2 = \ln 2$$

9. $f(x) = \cos x$ 라 할 때 $f(x)$ 는 실수 전체에서 미분가능이고 연속이다.

(i) $u = v$ 인 경우는 명백하게 성립한다.

(ii) $u < v$ 라 두자. 평균값정리에 의하여 $f'(c) = \dfrac{f(u) - f(v)}{u - v}$ 인 c 가 u 와 v 사이에 적어도 하나 존재한다. 즉, $-\sin c = \dfrac{\cos u - \cos v}{u - v}$ 이다.

양변에 절댓값을 취하면 $\left|\dfrac{\cos u - \cos v}{u - v}\right| = |-\sin c|$ 이다. 모든 실수에 대하여 $|-\sin c| \le 1$ 이므로 $\left|\dfrac{\cos u - \cos v}{u - v}\right| = \dfrac{|\cos u - \cos v|}{|u - v|} \le 1$ 이다. 그러므로 $|\cos u - \cos v| \le |u - v|$ 이다.

10. $x = 1$ 에서 극댓값 5 를 가지므로 $f'(1) = 0$ 이고 $f(1) = 5$ 이다.

$f'(1) = \dfrac{2a - 2b}{4} = 0$ 이고 $f(1) = \dfrac{a+b+2}{2} = 5$ 이다. 그러므로 $a = 4$, $b = 4$ 이다.

Chapter 5

5.1 연습문제

1. (1) $\displaystyle\int \frac{1}{x\sqrt{x}}dx = \int x^{-\frac{3}{2}}dx = -2x^{-\frac{1}{2}} + C$

(2) $\displaystyle\int \sqrt[3]{x^4}\,dx = \int x^{\frac{4}{3}}dx = \frac{3}{7}x^{\frac{7}{3}} + C$

(3) $\displaystyle\int \frac{3}{x}dx = 3\int \frac{1}{x}dx = 3\ln|x| + C$

(4) $\displaystyle\int (e^x + e^{-x})dx = e^x - e^{-x} + C$

(5) $\displaystyle\int 3\sin 4x\,dx = -\frac{3}{4}\cos 4x + C$

(6) $\displaystyle\int \left(x - \frac{1}{x}\right)^2 dx = \int \left(x^2 - 2 + \frac{1}{x^2}\right)dx = \frac{1}{3}x^3 - 2x - \frac{1}{x} + C$

2. $\displaystyle\int \ln(3x^2)dx = \int (\ln 3 + \ln x^2)dx$

$\displaystyle\qquad = \int \ln 3\,dx + 2\int \ln x\,dx = (\ln 3)x + 2(x\ln|x| - x) + C$

$\displaystyle\qquad = x(\ln 3 + 2\ln|x| - 2) + C$

3. (1) $\displaystyle\int \sin^2 x\,dx = \int \frac{1 - \cos 2x}{2}dx = \frac{1}{2}x - \frac{1}{4}\sin 2x + C$

(2) $\displaystyle\int \tan^2 x\,dx = \int (\sec^2 x - 1)dx = \tan x - x + C$

(3) $\displaystyle\int \cos^2 x\,dx = \int \frac{1 + \cos 2x}{2}dx = \frac{1}{2}x + \frac{1}{4}\sin 2x + C$

4. $\displaystyle\int \frac{\cos 2x}{\sin^2 x\cos^2 x}dx = \int \frac{\cos^2 x - \sin^2 x}{\sin^2 x\cos^2 x}dx$

$\displaystyle\qquad = \int \left(\frac{1}{\sin^2 x} - \frac{1}{\cos^2 x}\right)dx = -\cot x - \tan x + C$

5. $\displaystyle\int \frac{(\sqrt{2}\,x - 1)^2}{x(1 + 2x^2)}dx = \int \frac{2x^2 - 2\sqrt{2}\,x + 1}{x(1 + 2x^2)}dx$

$\displaystyle\qquad = \int \frac{2x^2 + 1}{x(1 + 2x^2)}dx - \int \frac{2\sqrt{2}\,x}{x(1 + 2x^2)}dx$

$$= \int \frac{1}{x}dx - \int \frac{2\sqrt{2}}{1+2x^2}dx = \int \frac{1}{x}dx - 2\int \frac{\sqrt{2}}{1+(\sqrt{2}\,x)^2}dx$$

$$= \ln|x| - 2\tan^{-1}(\sqrt{2}\,x) + C$$

5.2 연습문제

1. 모든 $i = 1,2,3,4$의 $\triangle x_i = \dfrac{1}{2}$이고 $x_1^* = 0$, $x_2^* = \dfrac{1}{2}$, $x_3^* = 1$, $x_4^* = \dfrac{3}{2}$이므로 리만합은

$$\sum_{i=1}^{4} f(x_i^*)\triangle x_i = \sum_{i=1}^{4} \frac{\left(x_i^*\right)^2}{2} = \frac{7}{4}$$ 이다.

2. $\displaystyle\sum_{i=1}^{n} \left(1+\frac{i}{n}\right)^3 \frac{1}{n}$ 은 함수 $f(x) = x^3$의 구간 $[1,2]$의 모든 $\triangle x_i = \dfrac{1}{n}$, $x_i^* = 1 + \dfrac{i}{n}$ 인

n균등분할에 대한 리만합과 같다.

그러므로 $\displaystyle\lim_{n\to\infty}\sum_{i=1}^{n}\left(1+\frac{i}{n}\right)^3\frac{1}{n} = \lim_{n\to\infty}\sum_{i=1}^{n}f(x_i^*)\triangle x_i = \int_1^2 f(x)dx = \int_1^2 x^3 dx$ 이다.

3. (1) 정적분의 성질에 의하여 $\displaystyle\int_b^a f(x)dx = -\int_a^b f(x)dx = -3$ 이다.

(2) 정적분의 성질에 의하여 $\displaystyle\int_a^b 2g(x)dx = 2\int_a^b g(x)dx = 10$ 이다.

(3) 정적분의 성질에 의하여 $\displaystyle\int_a^b \{f(x)-g(x)\}dx = \int_a^b f(x)dx - \int_a^b g(x)dx = -2$ 이다.

4. (1) $\displaystyle\int_0^1 (x^2+1)dx - \int_0^1 (x^2-1)dx = \int_0^1 \left[(x^2+1)-(x^2-1)\right]dx$

$$= \int_0^1 2dx = (\text{그림 } 5.2.1)\text{의 넓이} = 2$$

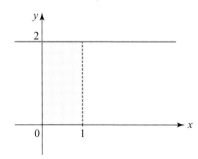

그림 5.2.1

(2) 정적분의 성질에 의하여 $\displaystyle\int_{-2}^2 |x|\,dx = \int_{-2}^0 (-x)dx + \int_0^2 x\,dx = 4$ 이다.

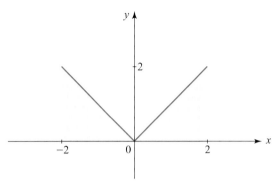

그림 5.2.2

5. $\displaystyle\int_0^4 f(x)dx = \int_0^1 (3-x)dx + \int_1^4 (2x-2)dx = ($ 그림 5.2.3 $)$ 의 넓이 $= \dfrac{5}{2} + 9 = \dfrac{23}{2}$

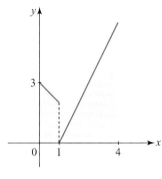

그림 5.2.3

5.3 연습문제

1. (1) 구간 $[1, 9]$ 에서 $f(x) = \dfrac{3}{x} + e^x + \sqrt{x}$ 의 역도함수

$F(x) = 3\ln x + e^x + \dfrac{2}{3} x\sqrt{x}$ 이므로 미적분학의 기본정리에 의하여

$$\int_1^9 \left(\dfrac{3}{x} + e^x + \sqrt{x} \right) dx = \left[3\ln x + e^x + \dfrac{2}{3} x\sqrt{x} \right]_1^9 = 3\ln 9 + e^9 + \dfrac{52}{3} - e \text{ 이다.}$$

(2) 구간 $\left[\dfrac{\pi}{6}, \dfrac{\pi}{4} \right]$ 에서 연속인 $f(x) = \cos x + \sec x \tan x + \csc^2 x$ 의 역도함수

$F(x) = \sin x + \sec x - \cot x$ 이므로

$$\int_{\frac{\pi}{6}}^{\frac{\pi}{4}} (\cos x + \sec x \tan x + \csc^2 x) dx = [\sin x + \sec x - \cot x]_{\frac{\pi}{6}}^{\frac{\pi}{4}}$$

$$= \left(\dfrac{\sqrt{2}}{2} + \sqrt{2} - 1 \right) - \left(\dfrac{1}{2} + \dfrac{2\sqrt{3}}{3} - \sqrt{3} \right)$$

$$= \dfrac{3}{2}\sqrt{2} + \dfrac{\sqrt{3}}{3} - \dfrac{3}{2}$$

이다.

(3) $(2x+1)^2 = 4x^2 + 4x + 1$ 이고 함수 $4x^2 + 4x + 1$의 역도함수가 $\frac{4}{3}x^3 + 2x^2 + x$ 이므로

$$\int_{-1}^{1} (2x+1)^2 dx = \left[\frac{4}{3}x^3 + 2x^2 + x \right]_{-1}^{1} = \frac{14}{3} \text{이다.}$$

(4) $\displaystyle\int_{0}^{\frac{\pi}{3}} \frac{\sin 2x}{\cos x} dx = \int_{0}^{\frac{\pi}{3}} \frac{2\sin x \cos x}{\cos x} dx = 2\int_{0}^{\frac{\pi}{3}} \sin x \, dx = 2\left[-\cos x \right]_{0}^{\frac{\pi}{3}} = 1$

2. 구간 $[0,3]$에서 함수 $|2x-5| = \begin{cases} -2x+5 \,,\ 0 \le x \le \dfrac{5}{2} \\ 2x-5 \,,\ \dfrac{5}{2} \le x \le 3 \end{cases}$ 이므로

$$\int_{0}^{3} |2x-5| dx = \int_{0}^{\frac{5}{2}} (-2x+5) dx + \int_{\frac{5}{2}}^{3} (2x-5) dx = \left[-x^2 + 5x \right]_{0}^{\frac{5}{2}} + \left[x^2 - 5x \right]_{\frac{5}{2}}^{3}$$

$$= \frac{25}{4} + \left(-6 + \frac{25}{4} \right) = \frac{13}{2}$$

이다.

3. $f(c) = \dfrac{1}{4-1} \displaystyle\int_{1}^{4} f(x) dx$ 를 만족하여야 한다.

이때 $\displaystyle\int_{1}^{4} f(x) dx = \int_{1}^{4} (2x-1) dx = \left[x^2 - x \right]_{1}^{4} = 12$ 이므로 $f(c) = \dfrac{1}{3}(12) = 4$ 이다.

$2c - 1 = 4$ 이므로 $c = \dfrac{5}{2}$ 이다.

4. $M = \dfrac{1}{\pi - 0} \left(\displaystyle\int_{0}^{\pi} f(x) dx \right) = \dfrac{1}{\pi} \int_{0}^{\pi} \sin x \, dx = \dfrac{1}{\pi} \left[-\cos x \right]_{0}^{\pi} = \dfrac{2}{\pi}$ 이다.

5. (1) 정적분의 미분에 의하여 $\dfrac{dy}{dx} = \dfrac{d}{dx} \left(\displaystyle\int_{0}^{x} \frac{t^4}{t^2+1} dt \right) = \dfrac{x^4}{x^2+1}$ 이다.

(2) $\dfrac{dy}{dx} = \dfrac{d}{dx} \left(\displaystyle\int_{x}^{3} \sqrt{e^t - e^{-t}} \, dt \right) = \dfrac{d}{dx} \left(-\int_{3}^{x} \sqrt{e^t - e^{-t}} \, dt \right)$

$$= -\sqrt{e^x - e^{-x}}$$

(3) $\dfrac{dy}{dx} = \displaystyle\int_{0}^{2x} \frac{1 - \cos 2t}{2} dt = \left[\frac{1}{2}t - \frac{1}{4}\sin 2t \right]_{0}^{2x} = x - \frac{1}{4}\sin 4x$

(4) $\dfrac{dy}{dx} = \dfrac{d}{dx} \left(\displaystyle\int_{x}^{x^2} (t^2 + 3t) dt \right) = \left[\left((x^2)^2 + 3(x^2) \right)(x^2)' - (x^2 + 3x)(x)' \right]$

$$= 2x(x^4 + 3x^2) - (x^2 + 3x) = 2x^5 + 6x^3 - x^2 - 3x$$

(5) $\dfrac{dy}{dx} = \dfrac{d}{dx}\left(\displaystyle\int_0^x (x-t)\cos t\,dt\right) = \dfrac{d}{dx}\left(x\displaystyle\int_0^x \cos t\,dt - \int_0^x t\cos t\,dt\right)$

$\qquad\quad = \displaystyle\int_0^x \cos t\,dt + x\left(\dfrac{d}{dx}\int_0^x \cos t\,dt\right) - \dfrac{d}{dx}\int_0^x t\cos t\,dt$

$\qquad\quad = \displaystyle\int_0^x \cos t\,dt + x\cos x - x\cos x = [\sin t]_0^x = \sin x$

(6) $f(1) = \displaystyle\int_1^1 \sqrt{2t^2+1}\,dt = 0$ 이고

$\qquad f'(x) = \dfrac{d}{dx}\left(\displaystyle\int_1^{x^3} \sqrt{2t^2+1}\,dt\right) = \sqrt{2x^6+1}\,(x^3)' = 3x^2\sqrt{2x^6+1}$ 이므로

$\qquad f'(1) = 3\sqrt{3}$ 이다. 접선의 방정식 $y = f'(1)(x-1) + f(1) = 3\sqrt{3}\,(x-1)$ 이다.

5.4 연습문제

1. (1) $u = x^2 + 6x$ 라 두면 $du = (2x+6)dx$ 이다.

$$\int (x+3)e^{x^2+6x}dx = \int \frac{1}{2}e^u du = \frac{1}{2}e^u + c = \frac{1}{2}e^{x^2+6x} + C$$

(2) $u = 1 + x^2$ 라 두자. $du = 2x\,dx$ 이므로 $x\,dx = \dfrac{1}{2}du$ 이다. $x = 1$ 이면 $u = 2$, $x = \sqrt{2}$ 이면 $u = 3$ 이다.

$$\int_1^{\sqrt{2}} x\,2^{1+x^2}dx = \frac{1}{2}\int_2^3 2^u du = \frac{1}{2}\left[\frac{1}{\ln 2}2^u\right]_2^3 = \frac{2}{\ln 2}$$

(3) $u = \cos x$ 라 두면

$$\int \frac{\sin^3 x}{\sqrt{\cos x}}dx = \int \frac{1-u^2}{\sqrt{u}}(-du) = \int \left(u^{\frac{3}{2}} - u^{-\frac{1}{2}}\right)du = \frac{2}{5}u^{\frac{5}{2}} - 2u^{\frac{1}{2}} + C$$

$$= \frac{2}{5}(\cos x)^{\frac{5}{2}} - 2(\cos x)^{\frac{1}{2}} + C$$

(4) $u = x^3 + 1$ 라 두면 $du = 3x^2 dx$ 이다.

$$\int_0^1 \frac{x^2}{\sqrt{x^3+1}}dx = \int_1^2 \frac{\frac{1}{3}}{\sqrt{u}}du = \int_1^2 \frac{1}{3}u^{-\frac{1}{2}}du = \left[\frac{2}{3}u^{\frac{1}{2}}\right]_1^2 = \frac{2}{3}\left(\sqrt{2}-1\right)$$

(5) $u = \sin x + 5$ 라 두면 $du = \cos x\,dx$ 이다.

$$\int \cos x(\sin x + 5)^2 dx = \int u^2 du = \frac{1}{3}u^3 + c = \frac{1}{3}(\sin x + 5)^3 + C$$

(6) $u = 5x - 3$라 두자. $du = 5dx$이므로 $dx = \dfrac{1}{5}du$이다.

$$\int \cos(5x-3)dx = \int \frac{1}{5}\cos u\,du = \frac{1}{5}\sin u + c = \frac{1}{5}\sin(5x-3) + C$$

2. (1) $\displaystyle\int \sec x \frac{\sec x + \tan x}{\sec x + \tan x}dx = \int \frac{\sec^2 x + \sec x \tan x}{\sec x + \tan x}dx = \int \frac{(\sec x + \tan x)'}{\sec x + \tan x}dx$

$$= \ln|\sec x + \tan x| + C$$

(2) $\displaystyle\int \csc x \frac{\csc x + \cot x}{\csc x + \cot x}dx = \int \frac{\csc^2 x + \csc x \cot x}{\csc x + \cot x}dx = \int \frac{-(\csc x + \cot x)'}{\csc x + \cot x}dx$

$$= -\ln|\csc x + \cot x| + C$$

(3) $\displaystyle\int \frac{\cos x}{\sin x}dx = \int \frac{(\sin x)'}{\sin x}dx = \ln|\sin x| + C$

3. (1) $u = x$, $u' = 1$, $v' = e^{-x}$, $v = -e^{-x}$으로 두고 부분적분을 하면

$$\int \frac{x}{e^x}dx = -xe^{-x} + \int e^{-x}dx = -xe^{-x} - e^{-x} + C \text{이다.}$$

(2) $u = x^2$, $u' = 2x$, $v' = e^{2x}$, $v = \dfrac{1}{2}e^{2x}$으로 두고 부분적분을 하면

$$\int x^2 e^{2x}dx = \frac{1}{2}x^2 e^{2x} - \int xe^{2x}dx \text{이다.}$$

다시 $u = x$, $u' = 1$, $v' = e^{2x}$, $v = \dfrac{1}{2}e^{2x}$으로 두고 부분적분을 하면

$$\int x^2 e^{2x}dx = \frac{1}{2}x^2 e^{2x} - \left[\frac{1}{2}xe^{2x} - \frac{1}{2}\int e^{2x}dx\right] = \frac{1}{2}x^2 e^{2x} - \frac{1}{2}xe^{2x} + \frac{1}{4}e^{2x} + C$$

이다.

(3) $u = x$, $u' = 1$, $v' = \cos x$, $v = \sin x$으로 두고 부분적분을 하면

$$\int x\cos x\,dx = x\sin x - \int \sin x\,dx = x\sin x + \cos x + C \text{이다.}$$

(4) $u = \ln x$, $u' = \dfrac{1}{x}$, $v' = x$, $v = \dfrac{1}{2}x^2$으로 두고 부분적분을 하면

$$\int x\ln x\,dx = \frac{1}{2}x^2\ln x - \frac{1}{2}\int x\,dx = \frac{1}{2}x^2\ln x - \frac{1}{4}x^2 + C \text{이다.}$$

(5) $\displaystyle\int e^x \sin x\,dx = A$라 두자.

$u = \sin x$, $u' = \cos x$, $v' = e^x$, $v = e^x$으로 두고 부분적분을 하면

$$A = e^x \sin x - \int e^x \cos x\,dx \text{이다.}$$

다시 $u = \cos x$, $u' = -\sin x$, $v' = e^x$, $v = e^x$으로 두고 부분적분을 하면

$A = e^x \sin x - \left\{ e^x \cos x + \displaystyle\int e^x \sin x\, dx \right\}$ 이다.

$A = e^x(\sin x - \cos x) - A$ 이므로 $A = \displaystyle\int e^x \sin x\, dx = \dfrac{1}{2} e^x (\sin x - \cos x) + C$ 이다.

4. (1) $\dfrac{x^3 + 2x + 1}{x^2 - 1} = x + \dfrac{3x + 1}{x^2 - 1} = x + \dfrac{a}{x - 1} + \dfrac{b}{x + 1}$ 이면 $a = 2$, $b = 1$ 이다.

$$\int \frac{x^3 + 2x + 1}{x^2 - 1} dx = \int x\, dx + \int \frac{2}{x - 1} dx + \int \frac{1}{x + 1} dx$$

$$= \frac{1}{2} x^2 + 2\ln|x - 1| + \ln|x + 1| + C$$

(2) $\dfrac{1}{x^2(x + 1)^2} = \dfrac{a}{x} + \dfrac{b}{x^2} + \dfrac{c}{(x + 1)} + \dfrac{d}{(x + 1)^2}$ 이면 $a = -2$, $b = 1$, $c = 2$, $d = 1$ 이다.

$$\int \frac{1}{x^2(x+1)^2} dx = \int \frac{-2}{x} dx + \int \frac{1}{x^2} dx + \int \frac{2}{x+1} dx + \int \frac{1}{(x+1)^2} dx$$

$$= -2\ln|x| - \frac{1}{x} + 2\ln|x + 1| - \frac{1}{x + 1} + C$$

5.5 연습문제

1. $y = -x^2 + 2x$와 x축으로 둘러싸인 영역의 넓이는

$$\int_0^2 (-x^2 + 2x) dx = \left[-\frac{1}{3} x^3 + x^2 \right]_0^2 = \frac{4}{3}$$ 이다.

$y = -x^2 + 2x$와 $y = ax$의 교점의 x좌표는 0, $2 - a$이다. $(0 < a < 2)$

$$\int_0^{2-a} (-x^2 + 2x - ax) dx = \frac{2}{3}$$ 을 만족하는 a의 값을 구하자.

$$\left[-\frac{1}{3} x^3 + x^2 - \frac{a}{2} x^2 \right]_0^{2-a} = \frac{2}{3} \Rightarrow -\frac{1}{3}(2-a)^3 + (2-a)^2 - \frac{a}{2}(2-a)^2 = \frac{2}{3}$$

$$\Rightarrow (2-a)^2 \left\{ \frac{1}{3} - \frac{a}{6} \right\} = \frac{2}{3} \Rightarrow (2-a)^3 = 4$$

그러므로 $a = 2 - \sqrt[3]{4}$ 이다.

2. 넓이 $S = 4\displaystyle\int_0^1 (x^3 - 3x^2 + 3x - x) dx = 4 \left[\frac{1}{4} x^4 - x^3 + x^2 \right]_0^1 = 1$ 이다.

3. 사각뿔의 밑면의 중심을 원점에 위치시키고 꼭짓점을 양의 y축에 놓으면 비례식 $h - y : h = b : a$를 얻는다. $b = \dfrac{a(h - y)}{h}$ 이므로 단면의 넓이는 $A(y) = b^2 = \dfrac{a^2(h - y)^2}{h^2}$ 이다.

그러므로 사각뿔의 부피는 $V = \int_0^h \dfrac{a^2}{h^2}(h-y)^2 dy = \left[\dfrac{-a^2(h-y)^3}{3h^2}\right]_0^h = \dfrac{a^2 h}{3}$ 이다.

4. 곡선 $y = \sqrt{r^2 - x^2}$ $(-r \le x \le r)$을 x축을 중심으로 회전하여 반지름이 r인 구를 얻을

수 있으므로 부피 $V = 2\int_0^r \pi\left(\sqrt{r^2 - x^2}\right)^2 dx = 2\pi\left[r^2 x - \dfrac{1}{3}x^3\right]_0^r = 2\pi\dfrac{2}{3}r^3 = \dfrac{4}{3}\pi r^3$ 이다.

5. 부피 $V = \pi\int_0^\pi \sin^2 x\, dx = \pi\int_0^\pi \left(\dfrac{1 - \cos 2x}{2}\right)dx = \dfrac{\pi}{2}\left[x - \dfrac{\sin 2x}{2}\right]_0^\pi = \dfrac{\pi^2}{2}$ 이다.

6. (1) $V = \pi\int_0^1 (x - x^2)dx = \pi\left[\dfrac{1}{2}x^2 - \dfrac{1}{3}x^3\right]_0^1 = \dfrac{1}{6}\pi$

(2) $V = \pi\int_0^1 (y^2 - y^4)dy = \pi\left[\dfrac{1}{3}y^3 - \dfrac{1}{5}y^5\right]_0^1 = \dfrac{2}{15}\pi$

7. $\dfrac{dy}{dx} = \dfrac{1}{2}\left(x - \dfrac{1}{x}\right)$이므로

$$L = \int_4^8 \sqrt{1 + \left(\dfrac{1}{2}\left(x - \dfrac{1}{x}\right)\right)^2}\, dx = \int_4^8 \sqrt{\left(\dfrac{1}{2}\left(x + \dfrac{1}{x}\right)\right)^2}\, dx$$

$$= \int_4^8 \dfrac{1}{2}\left(x + \dfrac{1}{x}\right)dx = \left[\dfrac{x^2}{4} + \dfrac{\ln x}{2}\right]_4^8 = 12 + \dfrac{\ln 2}{2}$$

이다.

5장 종합문제

1. (1) $\displaystyle\int \dfrac{2 - \sqrt{3x}}{\sqrt{x}}dx = \int\left(2x^{-\frac{1}{2}} - \sqrt{3}\right)dx = \sqrt{x} - \sqrt{3}\,x + C$

(2) $\displaystyle\int \dfrac{x^3 + 8}{x + 2}dx = \int (x^2 - 2x + 4)dx = \dfrac{1}{3}x^3 - x^2 + 4x + C$

(3) $x^2 + 2x + 4 = t$로 치환하면 $(x+1)dx = \dfrac{1}{2}dt$이므로

$\displaystyle\int (x+1)(x^2 + 2x + 4)^3 dx = \int \dfrac{1}{2}t^3 dt = \dfrac{1}{8}t^4 + C = \dfrac{1}{8}(x^2 + 2x + 4)^4 + C$이다.

(4) $1 - \cot x = t$로 치환하면 $\csc^2 x\, dx = dt$이므로

$\displaystyle\int \dfrac{\csc^2 x}{\sqrt{1 - \cot x}}dx = \int t^{-\frac{1}{2}}dt = 2\sqrt{t} + C = 2\sqrt{1 - \cot x} + C$이다.

(5) $\displaystyle\int \sec^2 x \sec^2 x\, dx = \int (\tan^2 x + 1)\sec^2 x\, dx = \int (t^2 + 1)dt$

$$= \dfrac{1}{3}t^3 + t + C = \dfrac{1}{3}\tan^3 x + \tan x + C$$

(6) $u = \ln(\sin x)$, $u' = \dfrac{\cos x}{\sin x}$, $v' = \cos x$, $v = \sin x$으로 두고 부분적분을 하면

$$\int \cos x \ln(\sin x)dx = \sin x \ln(\sin x) - \int \cos x dx = \sin x \ln(\sin x) - \sin x + C \text{이다.}$$

(7) $u = \ln x$라 두면 $x = e^u$이고 $du = \dfrac{1}{x}dx$이다.

$$\int \sin(\ln x)dx = \int \sin u \cdot e^u du = \frac{1}{2}e^u(\sin u - \cos u) + C$$

$$= \frac{1}{2}x[\sin(\ln x) - \cos(\ln x)] + C$$

(8) $u = \sin^{-1}x$, $u' = \dfrac{1}{\sqrt{1-x^2}}$, $v' = 1$, $v = x$으로 두고 부분적분을 하면

$$\int \sin^{-1}x dx = x\sin^{-1}x - \int \frac{x}{\sqrt{1-x^2}}dx = x\sin^{-1}x + \int \frac{-2x}{\sqrt{1-x^2}}\frac{1}{2}dx$$

$$= x\sin^{-1}x + \frac{1}{2}(1-x^2)^{\frac{1}{2}}2 + C = x\sin^{-1}x + \sqrt{1-x^2} + C$$

이다.

(9) 부분분수에 의하여 $\dfrac{7+x}{x^2-x-6} = \dfrac{2}{x-3} - \dfrac{1}{x+2}$ 이므로

$$\int \frac{7+x}{x^2-x-6}dx = \int \left(\frac{2}{x-3} - \frac{1}{x+2}\right)dx = 2\ln|x-3| - \ln|x+2| + C \text{이다.}$$

(10) $\dfrac{x^3-x^2-2x-1}{x^4-1} = \dfrac{a}{x-1} + \dfrac{b}{x+1} + \dfrac{cx+d}{x^2+1}$ 라 두자.

양변에 (x^4-1)을 곱하면

$x^3 - x^2 - 2x - 1 = a(x+1)(x^2+1) + b(x-1)(x^2+1) + (cx+d)(x^2-1)$이다.

$x = 1$을 대입하면 $-3 = 4a$이므로 $a = -\dfrac{3}{4}$ 이다.

$x = -1$을 대입하면 $-1 = -4b$이므로 $b = \dfrac{1}{4}$ 이다.

a, b를 대입한 후 양변의 계수를 비교하면 $c = \dfrac{3}{2}$, $d = 0$이다.

$$\int \frac{x^3-x^2-2x-1}{x^4-1}dx = \int \frac{-\frac{3}{4}}{x-1}dx + \int \frac{\frac{1}{4}}{x+1}dx + \int \frac{\frac{3}{2}x}{x^2+1}dx$$

$$= -\frac{3}{4}\ln|x-1| + \frac{1}{4}\ln|x+1| + \frac{3}{4}\ln(x^2+1) + C$$

2. (1) $\displaystyle\int_1^4 \frac{x+1}{x}dx = \int_1^4 \left(1 + \frac{1}{x}\right)dx = [x + \ln x]_1^4 = 3 + \ln 4$

(2) $\displaystyle\int_0^{\frac{\pi}{3}} \tan^2 x \, dx = \int_0^{\frac{\pi}{3}} (\sec^2 x - 1) dx = [\tan x - x]_0^{\frac{\pi}{3}} = \sqrt{3} - \frac{\pi}{3}$

(3) $\displaystyle\int_0^{\pi} \cos\left(\frac{1}{2}x\right) dx = \left[2\sin\left(\frac{1}{2}x\right)\right]_0^{\pi} = 2$

(4) $\displaystyle\int_{\frac{\pi}{6}}^{\frac{\pi}{4}} \frac{\sin 2x}{\cos x} dx = \int_{\frac{\pi}{6}}^{\frac{\pi}{4}} \frac{2\sin x \cos x}{\cos x} dx = [-2\cos x]_{\frac{\pi}{6}}^{\frac{\pi}{4}} = -\sqrt{2} + \sqrt{3}$

(5) $\displaystyle\int_{-1}^{3} (|x| - 3) dx = \int_{-1}^{0} (-x - 3) dx + \int_{0}^{3} (x - 3) dx$

$\displaystyle\qquad = \left[2\sin\left(\frac{1}{2}x\right)\right]_{-1}^{0} + \left[\frac{1}{2}x^2 - 3x\right]_{0}^{3} = \left(\frac{1}{2} - 3\right) + \left(\frac{9}{2} - 9\right) = -7$

(6) $\displaystyle\int_{0}^{2} |x^2 - 1| dx = \int_{0}^{1} (-x^2 + 1) dx + \int_{1}^{2} (x^2 - 1) dx = \left[-\frac{1}{3}x^3 + x\right]_{0}^{1} + \left[\frac{1}{3}x^3 - x\right]_{1}^{2}$

$\displaystyle\qquad = \left(-\frac{1}{3} + 1\right) + \left[\left(\frac{8}{3} - 2\right) - \left(\frac{1}{3} - 1\right)\right] = 2$

(7) $e^x = t$ 치환하면 $e^x dx = dt$이고 $x = \ln 2, \ln 4$일 때 $t = 2, 4$이므로

$\displaystyle\int_{\ln 2}^{\ln 4} \frac{e^x}{e^{2x} - 1} dx = \int_{2}^{4} \frac{1}{t^2 - 1} dt = \int_{2}^{4} \frac{1}{(t-1)(t+1)} dt = \frac{1}{2} \int_{2}^{4} \left(\frac{1}{t-1} - \frac{1}{t+1}\right) dt$

$\displaystyle\qquad = \frac{1}{2}[\ln|t-1| - \ln|t+1|]_{2}^{4} = \ln 3 - \frac{1}{2}\ln 5 = \ln\frac{3}{\sqrt{5}}$

이다.

(8) $\displaystyle\int_{0}^{1} (e^x - e^{-x})^2 dx + \int_{1}^{0} (e^x + e^{-x})^2 dx = \int_{0}^{1} (e^x - e^{-x})^2 dx - \int_{0}^{1} (e^x + e^{-x})^2 dx$

$\displaystyle\qquad\qquad = \int_{0}^{1} (-4) dx = [-4x]_{0}^{1} = -4$

(9) $\displaystyle\int_{0}^{\frac{\pi}{2}} e^{-x}\cos x \, dx = [-e^{-x}\cos x]_{0}^{\frac{\pi}{2}} - \int_{0}^{\frac{\pi}{2}} e^{-x}\sin x \, dx$

$(u = \cos x \rightarrow u' = -\sin x, \; v' = e^{-x} \rightarrow v = -e^{-x})$

$\displaystyle\qquad = [-e^{-x}\cos x]_{0}^{\frac{\pi}{2}} + [e^{-x}\sin x]_{0}^{\frac{\pi}{2}} - \int_{0}^{\frac{\pi}{2}} e^{-x}\cos x \, dx$

$(u = \sin x \rightarrow u' = \cos x, \; v' = e^{-x} \rightarrow v = -e^{-x})$

$\displaystyle\qquad = 1 + e^{-\frac{\pi}{2}} - \int_{0}^{\frac{\pi}{2}} e^{-x}\cos x \, dx$

$\displaystyle\therefore \int_{0}^{\frac{\pi}{2}} e^{-x}\cos x \, dx = \frac{1}{2}\left(1 + e^{-\frac{\pi}{2}}\right)$

(10) $\int_0^{\frac{\pi^2}{4}} \cos\sqrt{x}\,dx = \int_0^{\frac{\pi}{2}} 2t\cos t\,dt \ \ (\because \sqrt{x}=t \ \text{치환})$

$$= [2t\sin t]_0^{\frac{\pi}{2}} - \int_0^{\frac{\pi}{2}} 2\sin t\,dt \ \ (u=2t \to u'=2, \ v'=\cos t \to v=\sin t)$$

$$= \pi + [2\cos t]_0^{\frac{\pi}{2}} = \pi - 2$$

3. $\int_0^1 xf'(x)dx = a$ 라고 두면 $f(x)=3x^2-x+2a$ 이므로 $a=\int_0^1 x(6x-1)dx = \dfrac{3}{2}$ 이다.
그러므로 $f(x)=3x^2-x+3$ 이다.

4. $f'(x)=\dfrac{d}{dx}\left(\int_{-3}^x 3(t+1)(t-3)dt\right)=3(x+1)(x-3)$ 이다.

x	$\cdots$	-1	$\cdots$	3	$\cdots$
$f'(x)$	$+$	0	$-$	0	$+$

이므로 f는 $x=-1$에서 극댓값 $f(-1)=32$를, $x=3$에서 극솟값 $f(3)=0$을 가진다.

(여기서 $f(-1)=\int_{-3}^{-1} 3(t+1)(t-3)dt=32$, $f(3)=\int_{-3}^3 3(t+1)(t-3)dt=0$)

5. (i) 양변을 미분하면 $-15x^2=f(x)$ 이다.

(ii) $x=c$를 양변에 대입하면 $40-5c^3=0$ 이므로 $c=2$ 이다.

6. (1) $x=-t$로 치환하면 $dx=-dt$ 이므로

$$\int_{-a}^0 f(x)dx = \int_a^0 f(-t)(-dt) = -\int_a^0 f(-t)dt$$

$$= \int_0^a f(-t)dt = \int_0^a f(-x)dx$$

이다.

(2) $\int_{-a}^a f(x)dx = \int_{-a}^0 f(x)dx + \int_0^a f(x)dx = \int_0^a [f(x)+f(-x)]dx$

이다. ($\because$ (1))

7. $\int_1^{e^9} \dfrac{\sqrt{\ln x}}{x}dx = \int_0^9 \sqrt{t}\,dt = \dfrac{2}{3}\left[t^{\frac{3}{2}}\right]_0^9 = 18 (\because \ln x=t \text{ 치환})$ 이므로 평균값

$$M = \dfrac{\displaystyle\int_1^{e^9} \dfrac{\sqrt{\ln x}}{x}dx}{e^9-1} = \dfrac{18}{e^9-1}$$

이다.

8. 양변을 미분하면 $[(x^2+1)f(x)](2x) = x^4-1$ 이므로 $f(x) = \dfrac{x^2-1}{2x}$ 이다. $f(2) = \dfrac{3}{4}$ 이다.

9. (1) 두 곡선 $x = \dfrac{1}{2}y^2$ 와 $x = \dfrac{1}{2}(y+2)$ 의 교점의 y좌표는 $y = -1, 2$ 이다.

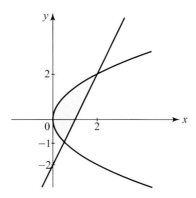

넓이는 $\displaystyle\int_{-1}^{2}\left[\dfrac{1}{2}(y+2)-\dfrac{1}{2}y^2\right]dy = \dfrac{9}{4}$ 이다.

(2) 두 곡선의 그래프는 다음과 같다.

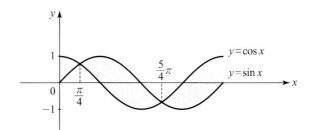

넓이는

$$\int_{0}^{\frac{\pi}{4}}[\cos x - \sin x]dx + \int_{\frac{\pi}{4}}^{\frac{5\pi}{4}}[\sin x - \cos x]dx + \int_{\frac{5\pi}{4}}^{2\pi}[\cos x - \sin x]dx$$

$$= 2\int_{\frac{\pi}{4}}^{\frac{5}{4}\pi}(\sin x - \cos x)dx = 2\cdot 2\sqrt{2} = 4\sqrt{2}$$

이다.

(3) 두 곡선 $y = -x^2+x+5,\ y = x^2-x+1$ 의 교점 $x = -1, 2$ 이므로

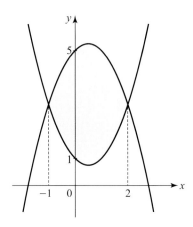

넓이는 $\displaystyle\int_{-1}^{2}[(-x^2+x+5)-(x^2-x+1)]dx=\left[-\dfrac{2}{3}x^3+x^2+4x\right]_{-1}^{2}=9$ 이다.

(4) $y=(x+2)(x-1)(x-2)$ 와 $y=x-1$, $y=(x+2)(x-1)(x-2)$ 의 교점의 x 좌표는

$x=-\sqrt{5}, 1, \sqrt{5}$ 이다.

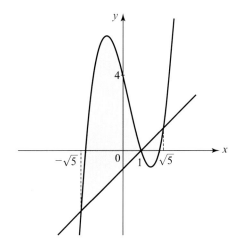

넓이는

$$\int_{-\sqrt{5}}^{1}[(x+2)(x-1)(x-2)-(x-1)]dx$$
$$=\int_{1}^{\sqrt{5}}[(x-1)-(x+2)(x-1)(x-2)]dx$$
$$=\int_{-\sqrt{5}}^{1}(x^3-x^2-5x+5)dx+\int_{1}^{\sqrt{5}}(-x^3+x^2+5x-5)dx=\dfrac{52}{3}$$

이다.

10. $x = y^2$과 $x^2 + y^2 = 2$의 교점의 x좌표는 $x^2 + x - 2 = 0$으로 부터 $x = 1$ 또는 $x = -2$이다. $x(= y^2) > 0$이므로 $x = 1$이다.

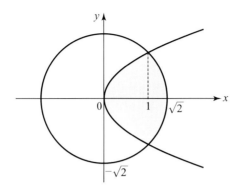

부피는 $\pi \displaystyle\int_0^1 x\,dx + \pi \int_1^{\sqrt{2}} (2 - x^2)\,dx = \left(\dfrac{4}{3}\sqrt{2} - \dfrac{7}{6} \right)\pi$이다.

11.

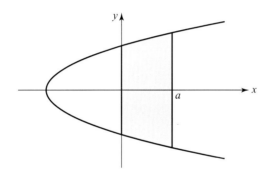

$20\pi = \pi \displaystyle\int_0^a (x + 3)\,dx = \pi \left[\dfrac{1}{2}x^2 + 3x \right]_0^a$ 이므로 $a^2 + 6a - 40 = 0$이다.

그러므로 $a = 4\,(\because a > 0)$이다.

12. (1) $\dfrac{dy}{dx} = 3x^2 - \dfrac{1}{12x^2}$ 이므로 곡선의 길이는

$$\int_1^3 \sqrt{1 + \left(\frac{dy}{dx} \right)^2}\,dx = \int_1^3 \sqrt{1 + \left(3x^2 - \frac{1}{12x^2} \right)^2}\,dx$$

$$= \int_1^3 \sqrt{\left(3x^2 + \frac{1}{12x^2} \right)^2}\,dx$$

$$= \left[x^3 - \frac{1}{12x} \right]_1^3 = \frac{469}{18}$$

이다.

(2) $\dfrac{dy}{dx} = \dfrac{3}{2}x^{\frac{1}{2}}$ 이므로 곡선의 길이는

$$\int_0^{\frac{4}{3}} \sqrt{1 + \frac{9}{4}x}\, dx = \int_0^{\frac{4}{3}} \left(\frac{9}{4}x + 1\right)^{\frac{1}{2}} dx$$

$$= \left[\frac{2}{3} \cdot \frac{4}{9}\left(\frac{9}{4}x + 1\right)^{\frac{3}{2}}\right]_0^{\frac{4}{3}}$$

$$= \frac{8}{27}(8 - 1) = \frac{56}{27}$$

이다.

참고문헌

1. 국립국어연구원, 표준국어대사전, 두산동아, 1999

2. 명수법의 연구, 남창혁, 부산대학교, 2005

3. 알기쉬운 미적분학, 수학교재편찬위원회. 북스힐

4. Essential calculus, early transcendental functions, Larson, Hostetler, Edwards, Houghton Mifflin company

5. 미분적분학(5판), Ediwin J. Purcell / Dale Varberg

6. https://en.wikipedia.org/wiki/%C4%80ryabha%E1%B9%ADa%27s_sine_table

7. https://en.wikipedia.org/wiki/Inverse_trigonometric_functions

8. https://en.wikipedia.org/wiki/Jyā,_koti-jyā_and_utkrama-jyā

	페이지	영어	러시아어	중국어
단조수렴정리	70	monotone convergence theorem	теорема мнотонной сходимости	单调收敛定理
단조증가	69	monotone increasing	возрастающая	单调递增
도함수	105	derived function, derivative	производнаяфункция	导函数
따름정리	–	corollary	следствие, заключение	推理

ㄹ				
로그함수	52	logarithmic function	логарифмическаяфункция	对数函数
리만합	163	Riemann sum	сумма Римана	黎曼和

ㅁ				
매개변수	–	parameter	параметр	参数
무리수	2	irrational number	иррациональноечисло	无理数
무한대	9	infinite, infinity	бесконечный(бесконечность)	无限大
미분	105	differentiation	дифференцирование	微分
미분가능	104	differentiable	дифференцируемая	微分可能
미분연산자	105	differential operator	дифференциальныйоператор	微分算子
미적분학의 기본정리	169	fundamental theorem of calculus	фундаментальная теорема исчисления	微积分基本定理
미지수	7	unknown	неизвестный	未知数
밑수	49	base	база(основа)	基数

ㅂ				
발산	65	divergence	расхождение, отклонение	发散
방정식	7	equation	уравнение	方程式
부등식	9	inequality	неравенство	不等式
부분분수	65, 181	partial fraction	составляющая дробь	部分分数
부분적분	179	integration by parts	интегрирование по частям	分部积分
부정	–	denial, indeterminate	отрицание, неопределенный	不定
부정적분	158	indefinite integral	неопределённый интеграл	不定积分
부정형	140	indeterminate form	неопределённое выражение	不定式
부피	190	volume	объем	体积

	페이지	영어	러시아어	중국어
분할	163	decomposition	разложение	分解
불연속	93	discontinuity	непрерывность	不连续
		ㅅ		
사인함수	36	sine function	синусоида	sine 函数
사칙연산	6	four fundamental rules of arithmetic	четыре основных правил арифметики	四则运算
삼각함수	36	trigonometric function	тригонометрическая функция	三角函数
상용로그	54	common logarithms	десятичные логарифмы	常用对数
속도	105	velocity	векторная скорость	速度
수렴	6, 65	convergence	конвергенция, схождение в одной точке	收敛
수렴급수	72	convergent series	серия сходимости	收敛级数
수렴성 판정	72	convergence test	тест сходимости	收敛判定
수열	60	sequence	последовательность	序列
수직	113	perpendicular	перпендикуляр	垂直
순서쌍	3	ordered pair	упорядоченная пара	顺序对
순열	–	permutation	перемещение, перестановка	排列
순환소수	2, 77	circulating[recurring] decimals	Циркуляционные [повторяющиеся] десятичные дроби	循环小数
실수	2	real number	действительное (вещественное) число	实数
		ㅇ		
여집합	206	complementary set	дополнительный набор, множество	余集
역도함수	158	anti-derivative	первообразная (примитивная) функция, первообразная, неопределённый интеграл	逆导函数
역삼각함수	123	inverse trigonometric function	обратно тригонометрическая функция	反三角函数
역수	–	reciprocal number	обратное число	倒数
역원	4	inverse element	обратный элемент	逆元
역함수	28	inverse function	обратная функция	反函数, 逆函数
연산	3	operation	действие, операция	运算

	페이지	영어	러시아어	중국어
연속성	93	continuity	непрерывность	连续性
연속함수	93	continuous function	непрерывная функция	连续函数
연쇄법칙	114	chain rule	цепное правило	链式法则
예각	–	acute angle	острый угол	锐角
오른쪽 극한	79	right side limit	правосторонний предел	右极限
완비성	6	completeness	завершенность, законченность	完备性
왼쪽 극한	79	left side limit	левосторонний предел	左极限
우함수	25	even function	четная функция	偶函数
원	–	circle	круг	圆
원둘레	197	circumference	окружность; замкнутая кривая	圆周
유계	70	bounded	ограниченный	有界
유리수	2	rational number	рациональноечисло	有理数
음함수	115	implicit function	неявная функция	阴函数
이중근	–	double root	двойной корень	二重根
이항정리	214	binomial theorem	БиномНьютона	二项式定理
일대일	29	one-to-one	один к одному	一对一
일대일대응	29	one-to-one correspondence	взаимно-однозначное соответствие	一一对应
일반항	60	general term	общий член	一般项
임계점	147	critical point	критическая точка	临界点
ㅈ				
자연로그	54	natural logarithms	натуральный логарифм	自然对数
자연수	2	natural number	натуральное число	自然数
적분	158	integral	интеграл	积分
적분가능	165	integrable	интегрируемая	积分可能
절댓값	11	absolute value	абсолютная велечина	绝对值
접선	39, 102	tangent line	касательная	切线
정수	2	integer	целое число	整数

	페이지	영어	러시아어	중국어
정적분	163	definite integral	определенный интеграл	定积分
좌표	6	coordinate	координата	坐标
주기	40	cycle	цикл	周期
주기함수	40	periodic function	периодическая функция	周期函数
지수	49	index number	порядковый номер	指数
지수함수	49	exponential function	экспоненциальная функция	指数函数
직교좌표계	6	rectangular coordinates	прямоугольные координаты	直角坐标系
진동	66	oscillation	колебание	振动
ㅊ				
초월함수	121	transcendental function	трансцендентная функция	超越函数
최댓값	150	maximum value	максимальное значение	最大值
최대최소정리	97	maximum-minimum theorem	теорема максимального-минимального значения	最大最小定理
최솟값	150	minimum value	минимальное значение	最小值
치환	154	substitution	замена	置换
ㅍ				
평균값정리	134,135	mean value theorem	теорема о среднем значении	均值定理
평균변화율	103	average (ratio) of change	среднее изменение	平均变化率
평행이동	21	parallel translation	параллельный перенос	平移
폐구간	9	closed interval	замкнутый интервал	闭区间
피적분함수	159	integrand	подынтегральная функция	被积函数
필요충분조건	206	necessary and sufficient condition	необходимое и достаточное условие	充要条件
ㅎ				
한계	65	limit	лимит	极限
함수	18	function	функция	函数
합성함수	27	composite function	сложная функция	复合函数
항등원	4	identity element	Единичный элемент	单位元

수학교재편찬위원회

김재희 · 김준교 · 김현민 · 류성주 · 신기연 · 윤지훈 · 이경희 · 이동희 · 이상율

이용훈 · 임영호 · 정일효 · 조정래 · 조홍래 · 천정수 · 최영준 · 표준철 · 허 찬

히라사카 미쯔구   (가나다 순)

미적분학 기초

2018년 2월 26일 초판 발행
2021년 3월 10일 2쇄 발행

저   자 ◉ **수학교재편찬위원회**

발 행 인 ◉ **조승식**

발 행 처 ◉ (주)도서출판 **북스힐**
　　　　　 서울시 강북구 한천로 153길 17

등   록 ◉ 제 22-457 호

 (02) 994-0071

 (02) 994-0073

 www.bookshill.com
　　　　　 bookshill@bookshill.com

잘못된 책은 교환해 드립니다.

값 20,000원

ISBN 979-11-5971-125-1

이 개발과제는 국립대학 혁신지원사업(PoINT)비로 개발되었음.